| 名 | 家 | 问 | 茶 | 系 | 列 | 丛 | 书 |

茶树良种100问

虞富莲 编著

中国农业出版社
北 京

图书在版编目（CIP）数据

茶树良种100问 / 虞富莲编著. —北京：中国农业出版社，2025.1

（名家问茶系列丛书）

ISBN 978-7-109-31910-3

Ⅰ.①茶… Ⅱ.①虞… Ⅲ.①茶树—良种—问题解答 Ⅳ.①S571.1-44

中国国家版本馆CIP数据核字（2024）第080051号

茶树良种100问

CHASHU LIANGZHONG 100 WEN

中国农业出版社出版

地址：北京市朝阳区麦子店街18号楼

邮编：100125

责任编辑：姚 佳　　文字编辑：李瑞婷

版式设计：杨 婧　　责任校对：吴丽婷

印刷：中农印务有限公司

版次：2025年1月第1版

印次：2025年1月北京第1次印刷

发行：新华书店北京发行所

开本：880mm×1230mm　1/32

印张：4.5

字数：125千字

定价：58.00元

名　家　问　茶　系　列　丛　书

丛书编委会

总 序

世人说到茶，一定会讲到中国，因为中国是茶的原产地，茶文化的发祥地。而谈到中国，茶总是绕不开的话题，因为中国是世界茶资源积淀最深、内涵最丰富、呈现最集中的地方。

众所周知，中国产茶历史悠久，早在数千年前，茶就被中国人发现并利用，至秦汉时期茶事活动不断涌现；隋唐时期茶文化勃然兴起，宋元时期盛行于世，明清时期继续发展，直到民国时期逐渐衰落。20 世纪 50 年代，特别是 80 年代改革开放以来，再铸新的辉煌。

茶经过中国劳动人民长期洗礼，早已成为一个产业，不但致富了一方百姓，而且美丽了一片家园，还给世人送去了福祉。茶和天下，化育世界。如今，全世界已有 60 多个国家和地区种茶，种茶区域遍及世界五大洲；世界上有 160 多个国家和地区人民有饮茶习俗，饮茶风俗涵盖世界各地；世界上有 30 多亿人钟情于饮茶，茶已成为一种仅次于水的饮料。追根溯源，世界上栽茶的种子、种茶的技术、制茶的工艺、饮茶的风俗等，无一不是直接或间接地出自中国，茶的“根”在中国。

由中国农业出版社潜心组织，中国茶生产、茶文化、茶科技、茶经济等领域有深入研究的专家学者精心锻造、匠心编纂，倾情推出“名家问茶系列丛书”，内容涵盖茶的文史知识、良种繁育、种植管理、加工制造、质量评审、饮茶健康、茶艺基础、历代茶人、茶风茶俗、茶的故事等众多方面，这是全面叙述中国茶事的担当之作，它不仅能让普罗大众更多地了解中国茶的地位与作用；同时，也为弘扬中国茶文化、促进茶产业、提升茶经济和对接“一带一路”提供了重要平台，对中国茶及茶文化的创新与发展具有深远理论价值和现实指导意义。

“名家问茶系列丛书”深耕的是中国茶业，叙述的是中国茶的故事。它们是中华文化优秀基因的浓缩，也是人类解读中华文化的密码，更是沟通中国与世界文化交流的纽带，事关中华优秀传统文化的传承、创新与发展。

“名家问茶系列丛书”涉及面广，指导性强，读者通过查阅，总可以找到自己感兴趣的话题、须了解的症结、待明白的情节。翻阅这套丛书，仿佛让我们倾听到茶的声音，想象到茶的表情，感受到茶的内心，可咏、可品、可读，对全面了解中国茶事实情，推动中国茶业发展具有很好的启迪作用。

丛书文笔流畅，叙事条分缕析，论证严谨有据，内容超越时空，集茶事大观，可谓是理论性、知识性、实践性、功能性相结合的呕心之作，读来使人感动，叫人沉思，让人开怀。

承蒙组织者中国农业出版社厚爱，我有幸先睹为快！并再次为组织编著“名家问茶系列丛书”的举措喝彩，为丛书的出版鼓掌！

是为序。

姚国坤

2024年6月

前　言

“一颗种子改变了一个世界。”作物品种是国家重要的战略资源，是实现农业可持续发展与生态安全的重要保障。中国是茶树的原产地，有四千多年的茶树栽培和茶叶利用史，拥有极丰富的种质资源。茶区农民和科技工作者选育了大量优良品种，对茶产业的持续发展做出了重要贡献。茶树良种最显著的作用是促进名优茶发展，优化茶产品结构，提升茶产业效益。实践表明，良种和名优茶之间存在着良性互存关系，即发展名优茶需要以良种为基础，推广良种需要以名优茶为先导。选择合适的茶树品种栽培是茶产业的一项重要基础性工作。

鉴于此，本书以问答的形式，分10个篇章139个条目，系统地介绍了茶树良种的基础知识，如品种概念、遗传学理论、种苗繁育原理等，重点推荐了适制六大茶类的多个品种。由于是问答式体裁，读者可有针对性地选择需要了解或感兴趣的问题研读。全书文字精当，通俗易懂，可学以致用。

当今科技创新日新月异，尚有不少新技术和育成品种未予编入，待再版时予以补充。书中错漏之处难免，请读者指正。

虞富莲

2024年6月

名词术语说明

为便于对本书茶树品种名词术语的理解，作以下说明：

1. 产地 指品种的原产地或主产地；育成品种产地是指育种单位所在地。

2. 单株选育法 又称系统育种法、分离选种法。即从群体品种中选择优良单株，经过系统观察、扩繁、品种比较试验、生产试种，最后通过鉴定等程序的方法。

3. 树型 茶树在自然生长状态下的树型，有乔木型——从基部到冠部有主干；小（半）乔木型——中下部有主干，中上部无明显主干；灌木型——植株根颈处分枝，无主干。

4. 树姿 指树体枝条的开张程度，有直立——分枝角度$<30°$；半开张——$30° \leqslant$分枝角度$<50°$；开张——分枝角度$\geqslant 50°$。

5. 分枝密度 树冠中上部的分枝状况，分密、中、稀三种类型。

6. 叶片着生状态 指叶片与着生枝干的夹角情况，分下垂——夹角$>90°$；水平——$80°<$夹角$\leqslant 90°$；稍上斜——$45°<$夹角$\leqslant 80°$；上斜——夹角$\leqslant 45°$。

7. 叶片大小 测量枝条中部生长正常的叶片，按叶长×叶宽×0.7＝叶面积划分：特大叶——叶面积$\geqslant 60$厘米^2（图 1）；大叶——40 厘米$^2 \leqslant$

图 1 特大叶

叶面积＜60 厘米²；中叶——20 厘米²≤叶面积＜40 厘米²；小叶——叶面积＜20 厘米²。

8. 叶形 观测枝条中部生长正常的叶片，由叶长与叶宽之比确定：近圆形——长宽比≤2.0，最宽处近叶片中部（图 2）；卵圆形——长宽比≤2.0，最宽处近叶片基部；椭圆形——2.0＜长宽比≤2.5，最宽处近叶片中部（图 3）；矩圆形——2.0＜长宽比≤2.5，最宽处不明显，全叶近似长方形；长椭圆形——2.5＜长宽比≤3.0，最宽处近叶片中部；披针形——长宽比＞3.0，最宽处近叶片中部。

图 2 近圆形叶片

图 3 椭圆形叶片

9. 叶身 叶片两侧与主脉相对夹角状况或全叶的状态，分内折——显著向主脉倾侧；稍内折——倾侧程度小于内折；平——平整状态；背卷——向叶片背部翻卷。

图 4 叶面隆起

10. 叶面 叶面的隆起（泡状）程度，分平、稍隆起、隆起、强隆起（图 4）。

11. 叶尖 叶片端部形态，分尾尖、急（骤）尖、渐尖、钝尖、圆尖（图 5）。

12. 叶齿 叶缘锯齿的状况，锐度分锐、中、钝；密度分密、中、稀；深度分浅、中、深。重锯齿是指大小齿相间（图 6）。

图 5 叶尖尾尖

图 6 叶片锯齿

13. 叶质 感官叶片的柔软程度，分软、中、硬（革质）。

14. 新梢 包括蒂头、鳞片、鱼叶、芽、叶（图 7）。

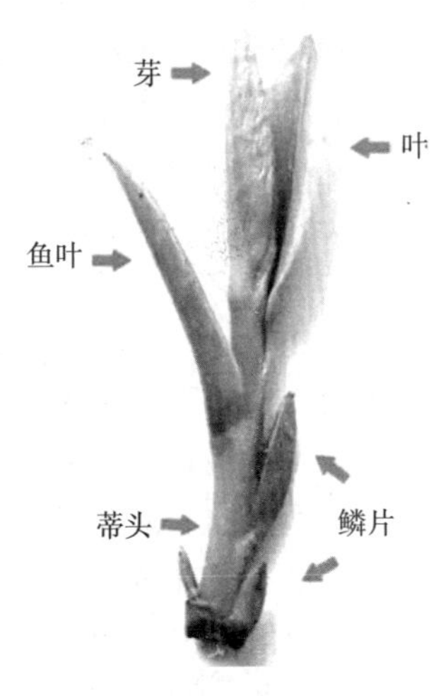

图 7 新梢

15. 芽叶茸毛 指春茶一芽一叶的茸毛，分特多、多、中等、少、无。

16. 物候期 以原产地或育种单位所在地的物候期为标志，与标准品种或当地主要传统栽培品种作对照，用早中晚生表示：特早生——比对照早 7 天以上；早生——与对照相当；中生——比对照晚 6～8 天；晚生——比对照晚 9 天及以上。

17. 采摘标准 单芽——不带有叶片的单个芽；一芽一叶——1 个芽 1 张叶片；一芽二三叶——1 个芽 2 张叶片或 1 个芽 3 张叶片（余类推）。

18. 开面采 乌龙茶采摘标准术语。当新梢生长快休止时，采摘顶端的 2～4 张嫩叶，俗称“开面采”。有小开面、中开面、大开面，用对夹一叶与对夹二叶的叶面积之比来表示。小开面对夹一叶≤1/3 对夹二叶，1/3 对夹二叶<中开面<2/3 对夹二叶，大开面对夹一叶≥2/3 对夹二叶（图 8）。

图 8　由右至左为小开面、中开面、大开面

19. 产量　以原产地或育种单位所在地全年大宗茶干茶亩* 产量为准。一般是>150 千克为高产；120 千克左右为较高产；100 千克左右为中产；<50 千克为低产。

20. 茶叶生物化学

（1）茶多酚。亦称茶鞣酸、茶单宁，一般占茶叶干物质的 13%～30%（>30%为高多酚含量），其中最重要的是以儿茶素为主体的黄烷醇类，对成品茶色、香、味的形成起着重要作用。

（2）儿茶素。亦称儿茶酸，茶树新梢是形成儿茶素的主要部位。分酯型和非酯型两类。酯型儿茶素具有较强的苦涩味和收敛性，是赋予茶叶色、香、味的重要物质。儿茶素在红茶发酵过程中先后生成氧化聚合物茶黄素、茶红素和茶褐素等物质（本书儿茶素含量是指儿茶素总量）。

（3）氨基酸。茶叶中以游离状态存在的氨基酸有甘氨酸、苯丙氨酸、精氨酸、缬氨酸、亮氨酸、丝氨酸、脯氨酸、天冬氨酸、赖氨酸、谷氨酸等 26 种，占干物质的 2%～4%，是茶汤鲜爽味的主要呈味物质。

---

* 亩为非法定计量单位，1 亩=1/15 公顷。——编者注

茶氨酸是根部生成的非蛋白质氨基酸，约占氨基酸总量的50%，占干物质的0.5%～3%。呈甜鲜味，能缓解茶的苦涩味，对绿茶品质有重要影响，也是红茶品质评价的重要因子，还是鉴别真假茶的生化指标之一。

（4）咖啡碱。亦称咖啡因，味苦占茶叶干物质的2%～5%，细嫩芽叶高于老叶，夏秋茶略高于春茶，也是重要的呈味物质。咖啡碱是一种中枢神经兴奋剂，具有提神作用。

（5）水浸出物。指茶叶中一切可溶入茶汤的可溶性物质，有多酚类（包括水溶性色素）、可溶性糖、水溶果胶、水溶维生素、游离氨基酸、咖啡碱、水溶蛋白、无机盐等，含量一般在35%～45%。水浸出物中主要组分及其含量的综合协调性关系着茶叶的品质。因此，水浸出物含量的多少，在一定程度上反映了茶叶品质的状况。

21. 注

（1）国家对茶树品种采取的认定、审定、鉴定、授予植物新品种权、登记等方式，并注有统一编号的，均视为同等。

（2）本书无性系品种生化成分引自《中国无性系茶树品种志》。

目录

第九篇 其他 / 101

第十篇 茶树繁育 / 107

第一篇 茶树品种

1. 为什么说茶树品种是茶产业的物质基础？

广义的“茶”包括茶树、茶叶和茶文化，茶树是这一切的物质基础，而茶树都归属于某一个品种。品种的种性，决定了茶树的性状、产量、适制茶类、品质、利用潜力等。同一品种不论栽培和繁殖方式如何，要具有可以与其他品种区分的特征特性和生产价值，且能保持一致性和遗传稳定性。种性是任何人为措施都改变不了的。例如，生长在西双版纳的勐海大叶茶，适应不了北方寒冷干燥的气候条件，它只能种植在华南南亚热带地区。育成品种龙井 43 的少毛纤细的芽叶和高氨基酸、低茶多酚含量，决定了它最适制龙井茶，而不适宜制红茶和乌龙茶。

2. 茶树栽培品种在植物学分类上属于什么科、属、种？

茶树属于被子植物门、双子叶植物纲、山茶科（Theaceae）、山茶属（*Camellia*）。按分类系统，属以下分种（Species）和变种（Variety），一般常用 *C. sinensis*，统称为茶树。

我国栽培茶树品种按其植物学形态特征主要属于以下 3 个种和变种：①茶［*Camellia sinensis*（L.）O. Ktze.］。广泛栽培的灌木中小叶茶树，如浙江龙井种、安徽黄山种、贵州湄潭苔茶、四川早白尖、福建铁观音、广东凤凰水仙等。多半制绿茶和乌龙茶品种属于该种，约占品种总数的80%。②普洱茶变种。又称阿萨姆变种[*Camellia sinensis* var. *assamica*（Masters）Kitamura]，主要是南方栽培的乔木、小乔木大叶品种，如云南的勐库大叶、勐海大叶、凤庆大叶、易武大叶，海南的海南大叶等，适制红茶和绿茶（晒青），约占品种总数的15%。③白毛茶变种（*Camellia sinensis* var. *pubilimba* Chang）。小乔木大叶品种，因芽叶、嫩枝和花器官多毛而区别于普洱茶变种，以区块或带状分布，如广西凌云白毛茶、南山白毛茶，云南广南底圩茶、景谷大白茶，广东乐昌白毛茶、仁化白毛茶，湖南城步峒茶等，约占品种总数的5%，适制白茶、绿茶、红茶等多个茶类。

3. 茶树良种的标准是什么？怎样选用良种？

茶树良种的标准，一是可加工或创制一到多个优质高档名优茶，且兼制性要强，这样可根据市场需要及时改变茶类或者进行组合生产，充分发挥品种潜力。例如凌云白毛茶，根据其芽叶肥壮多毫和较高的茶多酚、氨基酸含量，春茶制白茶、毛峰茶，夏秋茶可制红茶。二是发芽要早，发芽早，开采早，应市早，可满足消费者尝新需求，有市场优势，且一般早上市的价格要高出同类型茶的1～2倍，如龙井43制的西湖龙井要比群体种早10天左右，亩产值要多30%～50%。三是生长势强，产量高，其中春茶鲜叶产量要占全年的50%～60%。四是抗病虫性强，不易罹生病虫害，避免或减少施用农药，节约成本，且又适合生产有机茶和无公害茶。五是适应性强，即抗寒、抗旱性强，能适合不同环境条件的栽培，便于扩大种植区域。当然，目前同时具有这五个方面优点的品种几乎还没有，不过，衡量品种最重要的标准还是制茶品质。到“十三五”期间，全国茶树良种化率已经达到68%。

品种选用的原则是以市场定生产茶类，以茶类决定种植品种。具体选择时必须考虑当地的气候条件、茶类结构，尤其是要根据当地冻害、旱害和病虫害发生的频率及程度选用最适合的品种，如当地常年发生越冬冻害或倒春寒的，就不能选用抗寒性差或发芽特早的品种。传统名优绿茶产地为保持特色，不必栽培红茶或乌龙茶品种。同一地方一般种植主栽品种 1～2 个，搭配品种 2～3 个。

4. 什么是良种良法?

无论是传统的地方品种还是新育成品种，长期的自然选择和人工栽培使它对外部环境、栽培措施形成了固有的特性，只有在满足这种特性的情况下，茶树才能正常生长发育，并最大限度地发挥生产潜能，这就是所谓的良种良法，其中最主要的是修剪、施肥、灌溉、采摘等。比如修剪是乔木、小乔木型茶树获得高产树冠的必要措施，主要是压制顶端优势，扩大采摘面，在单位面积内可采摘更多的芽叶。施肥、灌溉是常规管理措施，但也要“因种制宜”，如在施有机肥的基础上，绿茶和乌龙茶品种要偏施氮肥，以增加氮素营养，红茶品种适当多施磷钾肥，有利于高产优质。现在有一种追求“纯天然”而实际上是粗放管理的做法，即不施肥、不灌溉、不耕作、不防治病虫害，这样对茶树生长、产量、品质等都不利，只会使茶树早衰、减产、品质下降。

5. 什么是无性系品种? 为什么国家提倡使用无性系品种?

世代用无性方式如扦插、压条、嫁接等方法繁殖的品种称为无性系品种。植物的器官、组织或细胞，在一定条件下可以像受精卵一样发育成再生植株，在植物学上称作“细胞全能性”。正是这种特性，茶树可以不依赖有性生殖进行繁殖。由于没有经过两性过程，不存在染色体的重新配对，遗传的细胞学基础没有改变，故它的表现型世代都是一样的，像乌龙茶优质品种红芽佛手，世代用扦插繁殖，其近圆形强隆起的叶片形态、紫绿色的芽叶以及成品茶浓郁的雪梨香味，代代都能保持。但是，无性系品种一旦用种子繁殖，下一代就会发生分离，个体间形态特征会出现差异，如白叶1号用茶籽育苗，只有25%左右的茶树出现白化现象，失去品种价值，所以必须使用无性繁殖。新中国成立后育成的品种和传统乌龙茶品种都是无性系品种。

无性系品种个体间性状相对一致，成品茶外形整齐划一，色泽“一目光”，外观商品性好，易被消费者选择。另外，采茶劳动力紧缺已是普遍现象，机器代人是必然趋势。无性系品种由于芽叶生长速度和节间长度整齐一致，适合机械采茶。鉴于此，国家提倡种植无性系品种。

6. 什么是有性系品种？国家认定的有性系品种有哪些？

世代用有性繁殖方法（种子）繁殖的品种称为有性系品种，亦称为群体种。茶树是异花授粉植物，由于有两性结合的生殖过程，出现染色体的重新配对，导致遗传的细胞学基础发生改变，个体间性状出现差异，也就是杂种后代的分离。如世代用种子繁殖的龙井群体种，个体间在茶树叶片形态、芽叶色泽、芽叶茸毛、发芽早晚、生化成分含量等方面都有不同。由于发芽参差不齐，导致采摘时间不一，不利于集约化生产和机械采茶；成品茶条索不够整齐，色泽花杂。但由于个体间生化成分互补，香气、滋味比较浓醇鲜爽，耐冲泡。各地制红、绿茶传统品种大都是有性系品种。

1985年，国家农作物品种审定机构认定的有性系茶树品种有17个，它们是勐库大叶茶（滇）、凤庆大叶茶（滇）、勐海大叶茶（滇）、乐昌白毛茶（粤）、凤凰水仙（粤）、海南大叶茶（琼）、宁州种（赣）、黄山种（皖）、祁门种（皖）、鸠坑种（浙）、云台山种（湘）、湄潭苔茶（黔）、凌云白毛茶（桂）、紫阳种（陕）、早白尖（川）、宜昌大叶茶（鄂）、宜兴种（苏）。此后未再对有性系品种进行过认定或审定。

7. 国家分批认定、审定和鉴定了哪些品种？

从 1985 年到新《种子法》和《非主要农作物品种登记办法》实施前，国家层面认定、审定和鉴定的茶树品种共有 130 个，其中有性系 17 个、无性系 113 个。分别介绍如下。

1985 年认定 30 个品种，除了 17 个有性系品种外（见问题 6），还有 13 个传统无性系品种（非育成新品种），其中福建省有福鼎大白茶、福鼎大毫茶、福安大白茶、梅占、政和大白茶、毛蟹、铁观音、黄棪、福建水仙、本山、大叶乌龙，江西省有大面白、上梅州种。

以下国家认定、审定、鉴定或授予植物新品种权的都是无性系品种。

1987 年认定 22 个：贵州省黔湄 419、黔湄 502，福建省福云 6 号、福云 7 号、福云 10 号，安徽省安徽 1 号、安徽 3 号、安徽 7 号，浙江省龙井 43、碧云、菊花春、迎霜、翠峰、劲峰、浙农 12，四川省蜀永 1 号、蜀永 2 号，云南省云抗 10 号、云抗 14 号，湖南省槠叶齐，江西省宁州 2 号，广东省英红 1 号。

1994 年审定 24 个：广西壮族自治区桂红 3 号、桂红 4 号，安徽省杨树林 783、皖农 95，江苏省锡茶 5 号、锡茶 11，浙江省寒绿、龙井长叶、浙农 113、青峰，河南省信阳 10 号，福建省八仙茶，贵州省黔湄 601、黔湄 701，湖南省高芽齐、槠叶齐 12、白毫早、尖波黄 13，四川省蜀永 3 号、蜀永 307、蜀永 401、蜀永 703、蜀永 808、蜀永 906。

1998 年审定 1 个：湖北省鄂茶 4 号（宜红早）。

2002 年审定 18 个：安徽省皇早 2 号、舒茶早、皖农 111，广东省岭头单丛、秀红、五岭红、云大淡绿，江西省赣茶 2 号，贵州省黔湄 809，四川省早白尖 5 号、南江 2 号，浙江省浙农 21、中茶 102，湖北省鄂茶 1 号，福建省黄观音、悦茗香、金观音（茗科 1 号）、黄奇。

2004 年鉴定 1 个：广西壮族自治区桂绿 1 号。

2005 年授予植物新品种权 1 个：紫娟。

2006 年鉴定 1 个：四川省名山白毫 131。

2010 年鉴定 27 个：福建省霞浦春波绿、丹桂、春兰、瑞香、金牡丹、紫牡丹、黄玫瑰，浙江省春雨 1 号、春雨 2 号、茂绿，四川省南江 1 号、特早 213，安徽省石佛翠、皖茶 91，广西壮族自治区尧山秀绿、桂香 18，湖南省玉绿，浙江省中茶 108、中茶 302、浙农 139、浙农 117，湖北省鄂茶 5 号，广东省鸿雁 1 号、鸿雁 7 号、鸿雁 9 号、鸿雁 12、白毛 2 号。

2014 年鉴定 5 个：重庆市巴渝特早，四川省花秋 1 号、天府茶 28，江苏省苏茶 120，湖南省湘妃翠。

除了上述国家品种外，还有 120 多个省（市）级认定、审定品种。

新《种子法》实施后，对茶树品种管理实施非主要农作物品种登记办法。至 2023 年 6 月，共有 227 个品种完成了非主要农作物品种登记。登记品种中有一部分是历年经国家认定、审定或鉴定过的品种，包括传统品种如铁观音、黄棪、毛蟹、大叶乌龙等，育成品种如中茶 108、鄂茶 1 号、云抗 10 号、鸿雁 7 号等。

8. 品种的适制性和兼制性有什么不同？

适制性和兼制性是两个不同的概念。凡是山茶属（*Camellia*）茶组（Sect. *Thea*）植物，只要鲜叶含有完全的生化物质如茶多酚、儿茶素、氨基酸、咖啡碱、维生素等，理论上都可以加工任何一种茶类，但是其品质不是都符合成品茶的质量要求，如果只符合某一两种茶，那只能说该品种适制某茶，这就叫品种的适制性。例如鸠坑种春茶含茶多酚 16.7%、儿茶素 10.6%、氨基酸 3.4%、咖啡碱 4.1%，所制鸠坑毛尖是浙江知名绿茶，但由于茶多酚、儿茶素含量偏低，发酵生成的茶黄素、茶红素等较少，红茶品质不及绿茶，因此，鸠坑种相对来说更适合制绿茶。

品种的适制性主要取决于以下几方面：①芽叶的肥壮程度与茸毛的有无和多少。如芽叶肥壮、茸毛特多的乐昌白毛茶、汝城白毛茶最适合制毛峰类绿茶和白茶。②芽叶的色泽。绿和深绿色芽叶适合制绿茶，黄绿和紫绿色芽叶适合制红茶。③芽叶生化成分含量的高低及比例。一般高茶多酚和高咖啡碱含量适合制红茶，高氨基酸和较低的茶多酚、咖啡碱含量适合制绿茶。常用茶多酚与氨基酸的比例即酚氨比来衡量，通常，＜7 适制绿茶，＞9 适制红茶。

兼制品种是指一个品种可以加工多个茶类，换句话说，这类品种应变力强，可以根据市场需要生产茶类，这对提高种植园的效益具有重要性。如福鼎大白茶，芽叶肥硕，茸毛特多，茶多酚、儿茶素、咖啡碱含量都比较适中，春茶制毛尖茶，白毫隐翠，栗香高锐，滋味鲜醇；用单芽或一芽一叶制的白毫银针，色泽银白，毫香清鲜，滋味清醇，为白茶顶级产品；夏秋茶制工夫红茶（白琳工夫），乌润显毫，甜香持久，滋味鲜浓甘滑。显然，这样的茶类组合加工要比制作单一茶类更物尽其用，其经济效益也更高。据测算，一般年亩产值要比单一茶类高出 40%～60%。

9. 各产茶省（自治区、直辖市）主要栽培的是哪些品种？

到 2022 年，全国已有各类茶树栽培品种 300 多个，但作为大面积栽培的主栽品种也不过 140 个左右（不含重复）。现按省介绍如下（表 1-1）。

表 1-1　各产茶省（自治区、直辖市）主要栽培品种

（斜体字为有性系品种）

省（自治区、直辖市）	品　种
浙江	*龙井群体种、鸠坑种、木禾种*、龙井 43、中茶 108、迎霜、浙农 117、浙农 113、嘉茗 1 号（乌牛早）、白叶 1 号（安吉白茶）、黄金芽、中黄 1 号、中黄 2 号、福鼎大白茶
江苏	*宜兴种、鸠坑种、黄山种、祁门槠叶种*、苏茶 120、锡茶 5 号、锡茶 11 号、福鼎大白茶、龙井 43、中茶 108、龙井长叶、嘉茗 1 号、白叶 1 号

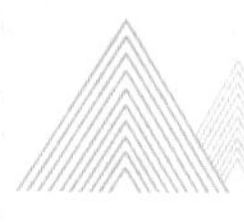

（续）

省（自治区、直辖市）	品　种
福建	乌龙茶品种：铁观音、黄棪、青心乌龙（软枝乌龙）、毛蟹、佛手、奇兰、本山、大红袍、福建水仙、肉桂、金观音、金萱（台茶12号）、黄观音、丹桂、八仙茶、白芽奇兰 白茶品种：福鼎大白茶、福鼎大毫茶、政和大白茶 绿茶品种：福鼎大白茶、福云6号、早春毫、霞浦春波绿 红茶品种：菜茶、政和大白茶、福鼎大白茶
安徽	*黄山种*、*祁门槠叶种*、*柿大茶*、*独山大瓜子种*、凫早2号、舒茶早、安徽7号、杨树林783
江西	*狗牯脑*、*庐山云雾茶*、*婺源大叶*、*宁州种*、*浮梁槠叶种*、上梅州种、赣茶1号、宁州2号、鄣科1号
湖北	*宜昌大叶茶*、*恩施大叶茶*、*鹤峰苔子茶*、*五峰大叶茶*、*巴东大叶茶*、*英山群体种*、鄂茶1号、鄂茶4号（宜红早）、福鼎大白茶、福云6号
湖南	*云台山种*、*古丈群体种*、*汝城白毛茶*、槠叶齐、白毫早、碧香早、桃源大叶、尖波黄13号、保靖黄金茶1号、福鼎大白茶、白叶1号
广东	*乐昌白毛茶*、*仁化白毛茶*、*凤庆大叶茶*、*凤凰水仙*、*凤凰单丛*、*岭头单丛*、英红9号、五岭红、鸿雁9号、鸿雁12号、金萱、白毛2号、乐昌白毛1号
广西	*凌云白毛茶*、*龙胜大叶茶*、*南山白毛茶*、*桂平西山茶*、桂绿1号、桂香18号、尧山秀绿、福云6号、福鼎大白茶、金萱、白毫早、嘉茗1号
海南	*海南大叶茶*、*凤庆大叶茶*、福鼎大白茶、福云6号、奇兰、毛蟹
四川	*川茶种*、*早白尖*、*枇杷茶*、*南江大叶茶*、名山早311、名山白毫131、名山特早芽213、早白尖5号、天府茶28号、福鼎大白茶、龙井43、中茶108、龙井长叶、白叶1号、黄金芽、中黄1号
重庆	*川茶种*、巴渝特早、名山早311、名山白毫131、福鼎大白茶、福鼎大毫茶、福选9号、白叶1号、嘉茗1号、黄金芽

（续）

省（自治区、直辖市）	品　种
云南	*勐库大叶茶、凤庆大叶茶、勐海大叶茶、易武绿芽茶、景迈大叶茶、邦东大叶茶、景谷大白茶、腾冲大叶茶*、云抗10号、云抗14号、长叶白毫、佛香3号、云茶1号、普茶1号、短节白毫、香归银毫
贵州	*湄潭苔茶、鸟王种、安顺竹叶茶、凤庆大叶茶*、黔湄601、黔湄809、黔茶1号、福鼎大白茶、龙井43、龙井长叶、白叶1号、黄金芽
河南	*信阳种、桐柏茶*、信阳10号、福鼎大白茶、白毫早、龙井43、龙井长叶
陕西	*紫阳大叶泡、西乡大脚板、镇巴群体种、早白尖*、福鼎大白茶、龙井长叶
甘肃	*碧波大茶树、太平老鹰茶*、福鼎大白茶、龙井43
山东	*黄山种、龙井群体种*、鲁茶1号、北茶36、崂山1号、福鼎大白茶、龙井43
台湾	金萱（台茶12号）、翠玉（台茶13号）、青心乌龙、青心大有、硬枝红心、黄柑

10. 什么是引种？引种要注意什么？

品种由一地种植到另一地称为引种。引种必须遵循以下几点：①注意气候条件的相似性。将引种地的年平均温度、年极端最高最低温度、年有效积温、年降水量、月降水量、无霜期等气象要素与原产地作比较。一般同纬度的引种比较容易成功。温度或海拔相差较大的地方，特别要注意冬季的最低温度和持续时间。例如20世纪50～60年代，由于对云南大叶种对气候条件的要求缺乏了解，引种云南凤庆大叶茶到浙江平阳等地后，因冬季寒冷，大部分茶树

死亡，造成引种失败。山东“南茶北引”初期，从湖南、福建等地引种的品种因抗寒性弱，难以越冬，失去引种价值，而纬度比较接近的安徽黄山种，因抵御冬季低温干旱能力比较强，成为主要引进品种。②根据茶类适制性引种。要根据引种地主产茶类选择相应的品种，如以生产红、绿茶为主，则引种红、绿茶兼制品种，以生产早生名优茶为主，则引种优质早生种。③早中晚生品种合理搭配。主要是根据自身的采茶劳力和加工机具的日产量。一般早生（包括特早生品种）品种占50%～60%，中生品种占20%～30%，晚生品种占20%左右。这样既不会造成春茶洪峰期不能及时采制，又可避免倒春寒造成“颗粒无收”。④考虑引种目的。如需要进行观光茶园建设，可引进彩色茶树，像白叶、紫红叶、黄叶茶等。需要开发新产品和深加工的，则引进生化成分含量比较特殊的品种资源，如高茶多酚、高茶氨酸、低咖啡碱等。⑤注意引进品种易罹生的主要病虫害，防止病虫随茶树引入，如南方大叶茶区的茶饼病，中北部茶区的黑刺粉虱等最易随苗木带入，所以引进前种苗必须检疫。⑥引种同时要了解引进品种特征特性和相应的栽培技术及加工工艺，以便引进后尽快投产和保证品质。⑦引进无性系品种一般用扦插苗，有性系品种（群体种）可用茶籽或扦插苗。出圃前1个月可用甲基硫菌灵等喷洒苗木1次，以防病虫随苗木蔓延。茶籽可用75%百菌清可湿性粉剂500倍液消杀1次。⑧根据《种子法》规定，没有通过国家有关部门认定（包括审定、鉴定）和登记的品种，不得推广，因此，引种时要验明品种的身份（信息）。

第二篇 茶树的遗传与变异

11. 什么是遗传与变异？遗传与变异有什么关系？

遗传和变异是生物界的普遍现象。茶树在世代繁衍过程中各代都能保持相似的特征特性，且具有稳定性和一致性。例如，云南勐库大叶种为小乔木树型，叶大质厚，叶面隆起，茶多酚含量高，抗寒性弱；安徽黄山种为灌木型，叶片中等，氨基酸含量高，抗寒性强等。这些特征特性各代基本上都保持不变，这种子代与亲代相似的现象就称为遗传。

遗传并不意味着亲代与子代完全一样，实际上，亲代与子代间，同代个体间，总会有不同部位不同程度的差异，即它们又相同，又不完全相同。例如，同一株茶树上结的种子长成的茶树，在特征特性上不会完全一样，这种差异就是变异。从茶树群体种中选择优秀单株培育成新品种就是利用变异。遗传是相对的、保守的，而变异是绝对的、前进的（尽管短期内不易察觉）。有了变异，生物才会发展，才会永远保持生物多样性。

茶树变异大体可分成遗传的变异和不遗传的变异。遗传的变异是指变异发生后能够遗传下去，如树型、叶片形态、叶色、芽叶茸毛、花柱裂数、子房茸毛、抗性等，它是由基因型决定的。不遗传的变异是由环境条件或人为干预所造成的变异，一般只表现于当代，不能遗传，也就是说它只影响到个体的生长发育，没有影响到遗传基础。这类变异多半是与产量品质有关的经济性状，在一定的范围内，它们常受水、肥、修剪、采摘等因素的影响而变化，如发芽轮次、芽叶长度、百芽重、叶片大小等。从这类变异中进行选择往往是无效的。

12. 遗传的细胞学基础是什么？茶树的体细胞和性细胞染色体是多少？

遗传与变异的生命运动现象是有物质基础的。人们很早就证实了一种被称作基因的遗传物质存在于细胞核里，也就是说，遗传行为与染色体结构和数目有关，即遗传的细胞学基础主要是染色体。

染色体是由脱氧核糖核酸（DNA）和核糖核酸（RNA）所组成的线状物，在细胞有丝分裂时出现，呈丝状或棒状小体，易被碱性染料着色。它具有特定的形态结构和自我复制能力，参与细胞的代谢活动。染色体数量或结构的变化会极大地影响生物的遗传或变异情况。染色体的形态和数目，不同物种是不一样的，而且是恒定的。染色体在体细胞中是成双的，在性细胞、配子中是成单的，分别用 $2n$ 和 n 表示，前者称二倍体，后者称单倍体。在遗传学上常用 n 表示配子中的染色体数，如茶树 $n=15$，体细胞 $2n=30$。还有一个 x，它表示同一个属（genus）中各个物种共同的染色体基数，例如山茶属植物中的茶（*Camellia sinensis*）、山茶（*Camellia japonica*）、油茶（*Camellia oleifera*）、茶梅（*Camellia sasanqua*）、金花茶（*Camellia chrysantha*）等，x 都是 15。配子 n 可以等于 x，也可以是 x 的倍数，如三倍体茶树是 $2n=3x=45$，四倍体茶树是 $2n=4x=60$。各个物种的 n 与 x 是否等同，需要对染色体进行鉴定。

13. 茶树染色体组有几种？茶树各有什么特点？

（1）单倍体。只含有 1 个染色体组，也就是只具有正常体细胞的一半染色体数，即 $2n=x=15$。单倍体茶树植株比较低矮，叶片和花冠较小，生长势比较弱。由于只有一组染色体，减数分裂时染色体不能配对，不能形成有效配子，因此高度不育。还没有发现天然单倍体茶树。但由于单倍体基因型是单一和纯质的，通过染色体加倍，可获得纯合的二倍体，这对无法通过自交获得纯系的茶树来说，在理论和实践上都有重要意义。20 世纪 80 年代，陈振光采用茶树花粉（花粉是配子）诱导法获得了单倍体植株。

（2）二倍体。体细胞染色体数是基数的 2 倍，即 $2n=2x=30$。绝大多数茶树为二倍体。以有性方式繁育的群体品种茶树 90%左右是二倍体，但也嵌合了少量比例的非整倍体，如云南腾冲文家塘大叶茶非整二倍体有 11%，广西龙胜大叶茶非整二倍体有 6%，陕西紫阳蒿坪茶非整二倍体有 5%。这类茶树虽有非整二倍体，但控制遗传行为的仍是二倍体染色体组。二倍体茶树生长发育和开花结实一般都很正常，并保持遗传的多样性和稳定性。

（3）三倍体。体细胞染色体数是基数的 3 倍，即 $2n=3x=45$。已发现的天然三倍体茶树有福建水仙、政和大白茶和江西上梅州等品种。三倍体由于减数分裂时染色体无法正常配对，大多数配子中含有的染色体数在 $n \sim 2n$，以致不能受精结实，也就是这类茶树不结种子，所以一般用枝叶繁殖。三倍体茶树营养生长旺盛，树体高大，茎干粗壮，叶色绿，叶质厚，对于以叶用为主的茶树来说，具有重要价值。

（4）四倍体。体细胞染色体数是基数的 4 倍，即 $2n=4x=60$。四倍体茶树可通过两条途径获得，一是体细胞加倍，形成四倍体；二是生殖细胞加倍，不正常的减数分裂使染色体不减半，也就是只有雌雄配子都为 $2x$ 时，才能形成四倍体。天然四倍体茶树极少，曾在云南昌宁漭水大茶树和江西安远苦茶中发现四倍体单株。1957 年，日本的横山俊佑用 0.25%～0.3%秋水仙碱处理茶籽获得四倍体茶树。20 世纪 60 年代，中国农业科学院茶叶研究所用 0.3%秋水仙碱处理紫阳种茶籽 192 小时，获得 2 株四倍体茶树。日本安间舜用γ射线对薮北种进行照射，获得了四倍体茶树。四倍体茶树在减数分裂时，染色体配对不规则，因而表现不同程度的不育性，故同样要用营养体进行扩繁。

（5）多倍体。体细胞染色体数是基数的3倍或3倍以上的个体，三倍体和四倍体统称为多倍体。

14. 什么叫基因型与表现型？为什么白叶1号春夏秋芽叶色泽不一样？

亲代传递给后代的遗传物质是基因，而不是性状本身，在生殖细胞配子里找不到绿叶、茸毛、白花等具体性状。因为每一个性状都有一定的遗传物质作基础，在一定的环境条件下，通过个体发育才会表达出来。遗传学上为了区分“遗传的”和“表现的”两个不同概念，便用基因型（genotype）和表现型（phenotype）两个名词来表示。基因型是遗传基础，是性状发育表现的潜在力，表现型是性状的具体表现，是基因型与外界环境（外因）相互作用的结果，是可以观察到的具体性状，换句话说，基因型是性状表现的内因，它控制表现型的表达。例如，白叶1号芽叶基因型虽然是白色，但表现型易受环境影响，在10～23℃时呈现白色，超过23℃就成为绿色，翌年春季温度低于23℃仍为白色，超过23℃又变成绿色。可见，环境温度可影响到表现型，即芽叶由白色到绿色，但不会影响基因型，即适宜的温度（＜23℃）又表现为白色。基因型控制的性状具有遗传稳定性。

15. 茶树质量性状和数量性状有什么不同？

生物界性状变异有两类，一类是非连续的变异，即性状在遗传表现中彼此界限清楚，可按类型明显地分成几部分或几组，如茶树的乔木型和灌木型、绿叶和紫叶、叶齿的稀和密、子房有毛和无毛等，这一类性状称为质量性状。另一类是连续的变异，表现为变异只是数量上的差异，没有可分割的界限，这类性状称为数量性状。茶树的大多数经济性状如芽叶长度、百芽重、芽叶茸毛密度、生化成分含量、种子结实率等都属于数量性状。数量性状遗传主要特征：①变异表现为连续性，在一定变异幅度范围内，从小到大可出现任何数值，在生物统计学上呈正态分布，例如一芽三叶百芽重一般在30～150克，在此范围内会有各种量值的连续变数，因此数量性状难以截然分成几组。②对环境条件表现敏感，易受光、温、水、营养状况、机械行为等影响而发生变化。如龙井43在肥培管理较好的情况下，氨基酸含量在4.4%左右，而在氮肥用量较低的茶园不到4.0%；福鼎大白茶自然生长茶树一芽三叶百芽重平均63克，连续3年采摘后降为40克。这种由环境引起的变异，并没有导致基因型变化，是暂时的，是不会遗传的，也就是当条件适宜时，又会恢复到原样。所以通过调节茶树生长环境，优化栽培措施，可以获得优质高产。

16. 茶树为什么会发生变异？

从遗传学角度看，茶树变异大体有三个方面原因。

（1）杂种后代的性状分离。人们看到子代与亲代并不完全相似，从直观上总认为是双亲杂交所产生的混合遗传结果，也就是俗称的“杂种”，实际并非如此。因为杂交时双亲的性状是独立地遗传给后代，也就是由亲本提供的配子按独立分配规律重新组合，它们是随机、平等地组合成新的合子，即新的一代，遗传学上用F_1表示（第二代用F_2表示）。茶树是异花授粉植物，有性世代的亲本都是杂合体，所以在杂交时，能产生两种或多种的配子，配子的重组又产生了新的基因型，使遗传基础保持复杂化，这就是杂种后代的分离现象，也是种子繁育的茶树个体间不一样的原因。

（2）染色体结构的变异。有四种情况：①缺失。在染色体臂外端或内端丢失一区段，连同区段上的基因也缺失。②重复。染色体多了自己的某一区段，扰乱了基因的固有平衡，影响到表现型。

③倒位。指染色体的某一区段的正常顺序颠倒，因而改变了基因间固有的相邻关系，造成遗传性状的变异。④易位。染色体的某一个区段移接在另一个非同源的染色体上，从而产生变异。目前用上述染色体结构变异的理论来解释茶树变异现象还很少。

（3）诱变。诱发染色体变异或使基因发生突变的做法称作诱变，包括自然的和人为的。自然界的诱变因素有电离辐射、核辐射、紫外线、激光等，尽管作用是微小的，不易察觉的，但有累加或递加效应，所以自然界的变异是不断的。人为进行的诱变可加快突变的频率，一般有两类，一类是物理因素，主要是电离辐射线，如x射线、γ射线、α和β射线、电子束等。另一类是化学因素，如秋水仙碱、叠氮化钠、甲基磺酸乙酯（EMS）、硫酸二乙酯（DES）、乙烯亚胺等。人工诱变已经成为茶树育种技术之一。如湖南省农业科学院茶叶研究所用^{60}Co辐照福鼎大白茶实生苗，育成适制优质绿茶、红茶的省认定品种福丰种；20世纪80年代，安徽农业大学用^{60}Co辐照云南大叶茶种子，育成适制优质红绿茶的国家审定品种皖农111；20世纪90年代，中国农业科学院茶叶研究所杨耀华团队用^{60}Coγ射线9.5戈瑞辐照处理龙井43穗条，育成国家鉴定品种中茶108，该品种没有龙井43春梢基部的花青苷淡红色点，持嫩性增强，氨基酸含量提高，制龙井茶品质更优。

17. 为什么黄叶茶的有性后代（茶籽苗）会出现绿叶？什么是显性性状和隐性性状？

茶树是异花授粉植物，遗传上都是杂结合。黄金芽、中黄1号、中黄2号等黄叶茶虽然芽叶呈现黄色（表现型），但有着绿色遗传因子（基因型），只是绿色没有表达出来。如用YY表示显性黄色因子，yy表示隐性绿色因子，Y相对于y是显性。遗传因子在体细胞内是成对的，配子（性细胞）只含有成对遗传因子中的一个。黄叶是Yy因子，当杂交时，Yy便会分配到不同的配子中去，即一个配子有Y因子，另一个配子有y因子，两种配子各占50%。

由于配子中既有 Y 因子，又有 y 因子，雌雄配子的组合就会出现 YY、Yy、Yy、yy 4 种状况，也就是 1/4 带有 YY，2/4 带有 Yy，1/4 带有 yy，因 Y 是显性，故有 Y 因子的组合呈现黄色，也就是 YY、Yy 组合都是黄色，只有 yy 组合是绿色，这样，出现黄叶与绿叶的比例就为 3∶1，这就是孟德尔分离规律。所以黄叶茶种子苗有 25%左右的芽叶呈现绿色（白叶茶同样）。

由此看来，黄叶茶亲本只表现出黄色性状，绿色性状未表现出来，表现出来的称作显性性状，未表现出来的称作隐性性状。在杂交后代中虽然大部分（75%左右）表现为黄色性状，但小部分（25%左右）也表现出绿色性状，即显性性状和隐性性状都同时出现了。由此可见，隐性性状在亲本中并未消失，只是隐藏了下来，在后代中又重新显现，这就是显性性状、隐性性状在杂交后代中的表现情况。

18. 茶树有性生殖有什么特点?

（1）雌雄同花，自花不孕。雌雄花同株，雌雄蕊同花，这是山茶属植物生殖器官的共同特点。同一株茶树不同花之间可以自然授粉，但受精率只有 2%～11%，结实率不到 5%。同朵花雌雄蕊几乎不能受精，即使强迫自交，受精率也只有 1%左右。

（2）正交反交，效果不同。茶树人工杂交的组合与结实率有很大的关系，由于亲本亲和力的差异，不同组合的结实率也就不同。一般栽培品种的结实率为 3%～15%。同一组合的正交反交，同样由于亲本的亲和力不同，结实率也不一样，如福鼎大白茶与勐库大叶茶杂交，勐库大叶茶作父本时结实率达到 8.2%，作母本时只有 3.8%；原浙江农业大学茶学系用福鼎大白茶与浙农 21 杂交，福鼎大白茶作母本时结实率为 8.4%，作父本时为 20%；四川省农业科学院茶叶研究所用南江大叶茶与崇州枇杷茶杂交，南江大叶茶作母本时结实率达到 17.5%，作父本时只有 3.1%。可见，同样的亲本，正交反交结实率差异很大。因此，在人工杂交时应该将结实率

高的品种作为母本。

（3）花果同现，“抱子怀胎”（图2-1）。茶树没有专门的结果枝，花芽与叶芽都生长在同一枝条的叶腋间，一般于5—6月花芽分化，9—12月花蕾开放授粉（多为虫媒授粉），卵细胞受精后经过一年的系列分化，形成具有胚和子叶的种子，到10月种子成熟，这时又恰是下一个年度花蕾开放期，所以在同一时期同一株茶树上可同时见到花和果实，这就是所谓的“抱子怀胎”现象，这是山茶属植物的又一特点。因开花和结果需要消耗大量养料，这也是茶树结实率普遍低的主要原因之一。花果同现有利于对品种或资源的鉴定和标本的采集。

图2-1　茶树花果同现

19. 茶树为什么可以进行无性繁殖？

利用茶树营养器官如芽、叶片、枝条和根茎进行的繁殖称为无性繁殖。由于没有经过雌雄性细胞的结合过程，不存在配子的重新配对，遗传的细胞学基础没有改变，所以它的表现型世代都是一样的。无性繁殖的原理是“细胞全能性”。原来植物的器官、组织或细胞，具有该植物的全部遗传基因，在一定条件下具有像受精卵一样发育成与母体一样植株的能力。正是由于这种特性，茶树可以不依赖有性生殖进行繁殖，这样使繁殖的后代性状保持一致性和稳定性，更重要的是使一些不能结实或结实率很低的品种资源、自然突变体、诱变材料、多倍体茶树等采用无性繁殖继代。优良品种为了防止杂交分离，尤其要用无性繁殖。最常用的有扦插、压条、嫁接等（见问题125）。无性系品种多数采用扦插繁殖。

第三篇　绿茶品种

20. 绿茶是怎么样的茶？有哪几种？

在六大茶类中，绿茶是不发酵茶。由于加工过程中的杀青，使儿茶素物质不会发生酶促氧化，也没有微生物产生的酵素物质，使茶叶呈现清汤绿叶，故名“绿茶”。从茶的外形看主要分三种，一是以龙井茶为代表的扁形茶，二是以碧螺春为代表的螺形茶，三是以黄山毛峰为代表的条形茶；从加工方法看又分烘青、炒青、晒青、蒸青。当今绿茶无论是产量还是销量均居六大茶类之首。据中国茶叶流通协会报道，2023 年全国茶叶总产量 333.95 万吨（不包括台湾省），其中绿茶 193.4 万吨，占比 57.9%。全国茶叶内销总量 240.4 万吨（不包括台湾省），绿茶占比 53.6%。毫不夸张地说，在饮料市场，没有绿茶就没有茶的地位。

作家张抗抗说：“绿茶茶色碧绿，似玉液琼浆，养眼养心，轻啜慢啧，舌上粒粒绿珠滚动。初始略有一些苦涩，继而满口清香；茶未凉，嘴里已是甜丝丝清凉凉，满腹欲说还休的惬意与顺畅。”这是喝绿茶的真情写照。下面按主要名优绿茶的适制品种和品质特点一一介绍。

21. 西湖龙井有怎样的前世今生？谁描写西湖龙井时说“佳茗似佳人”？

杭州西湖龙井茶区濒临一江（钱塘江）一湖（西湖），独特的

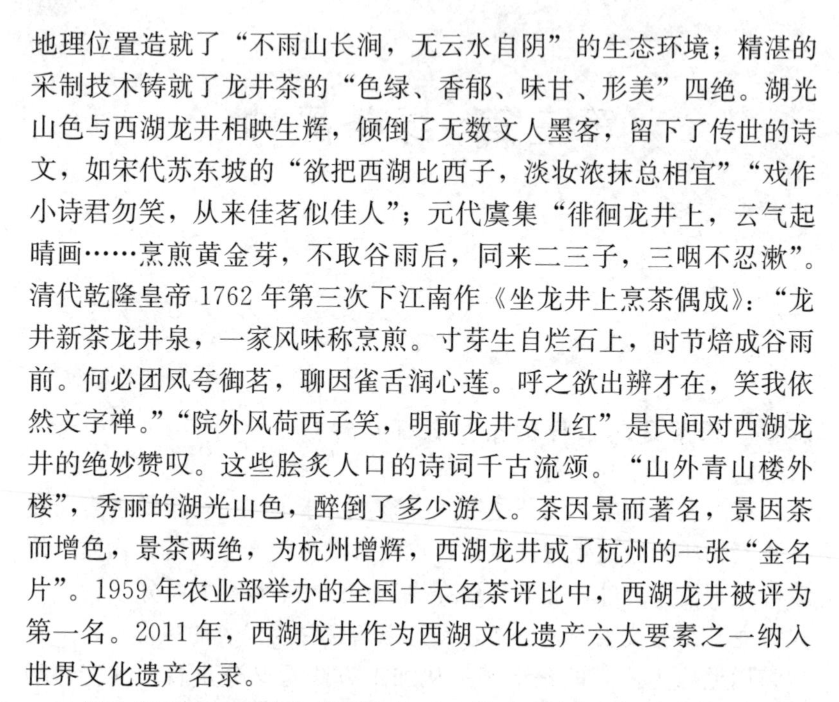

地理位置造就了“不雨山长涧，无云水自阴”的生态环境；精湛的采制技术铸就了龙井茶的“色绿、香郁、味甘、形美”四绝。湖光山色与西湖龙井相映生辉，倾倒了无数文人墨客，留下了传世的诗文，如宋代苏东坡的“欲把西湖比西子，淡妆浓抹总相宜”“戏作小诗君勿笑，从来佳茗似佳人”；元代虞集“徘徊龙井上，云气起晴画……烹煎黄金芽，不取谷雨后，同来二三子，三咽不忍漱”。清代乾隆皇帝1762年第三次下江南作《坐龙井上烹茶偶成》：“龙井新茶龙井泉，一家风味称烹煎。寸芽生自烂石上，时节焙成谷雨前。何必团凤夸御茗，聊因雀舌润心莲。呼之欲出辨才在，笑我依然文字禅。”“院外风荷西子笑，明前龙井女儿红”是民间对西湖龙井的绝妙赞叹。这些脍炙人口的诗词千古流颂。“山外青山楼外楼”，秀丽的湖光山色，醉倒了多少游人。茶因景而著名，景因茶而增色，景茶两绝，为杭州增辉，西湖龙井成了杭州的一张“金名片”。1959年农业部举办的全国十大名茶评比中，西湖龙井被评为第一名。2011年，西湖龙井作为西湖文化遗产六大要素之一纳入世界文化遗产名录。

据史料记载，东晋时西湖山区已植有茶树。龙井茶在陆羽所在的唐代尚无其名，在苏东坡与辩才法师所在的宋代也尚未成名。明代虽有其名，但名气尚在龙井泉之下。直至明末清初（1644年前后）才出现扁形（龙井）茶。在现有史料中，能明确记述龙井茶为扁平形的是清代徐珂在《可言》中所述的“茶之叶，他处皆蜷曲而圆，唯杭之龙井扁且直。”清代程淯的《龙井访茶记》更是详细描述了炒制过程，在焙制一节中说：“炒者坐灶旁，以手入锅，徐徐拌之。每拌以手按叶，上至锅口，转掌承之，扬掌抖之，令松，叶从五指间，纷然下锅，复按而承以上。如是辗转，无瞬息停。”以上所述手法，与现代龙井炒制工艺很相似。所以，清末民初已初步奠定了西湖龙井茶的手工炒制工艺。不过，历史上的西湖龙井虽然是扁形的，但外形粗糙、松泡、弯曲，直到20世纪20年代在工艺上进行改进和提高后，才有了“光扁平直”的特有风格。后经整理归纳出西湖龙井茶的

"十大炒制手法"，即抖、搭、拓、甩、抓、捺、推、扣、磨、压，并作为手工炒制龙井茶的规范技术。2008 年，西湖龙井茶制作技艺被列入国家级非物质文化遗产名录。传统的老字号西湖龙井分为"狮、云、龙、虎、梅"，亦是当时西湖龙井茶宣传的标识。随着"西湖龙井"公用品牌的推出，现今这样的五字排号已逐步淡出。

21 世纪前后，随着市场需求量的增长，西湖龙井茶产区逐步扩大到整个西湖区（图 3－1）。为了传承西湖龙井茶文化，保持和提升西湖龙井品质，加强西湖龙井品牌保护，促进西湖龙井茶产业持续健康发展，自 2022 年 3 月 1 日起施行《杭州市西湖龙井茶保护管理条例》。条例规定：西湖龙井茶是指以西湖龙井茶产区的龙井群体种以及从龙井群体种中选育并经审定的适制西湖龙井茶的龙井 43、龙井长叶等茶树品种的鲜叶为原料，采用传统的摊青、青锅、回潮、辉锅等工艺在当地加工而成，具有"色绿、香郁、味甘、形美"品质特征，符合西湖龙井茶标准的扁形绿茶。西湖龙井茶产区是指西湖龙井茶鲜叶的来源地，包括市人民政府划定的西湖龙井茶基地一级保护区、二级保护区，以及基地之外。杭州市西湖区东起虎跑、茅家埠，西至杨府庙、龙门坎、何家村，南起社井、浮山，北至老东岳、金鱼井范围之内，由市人民政府认定的茶地。

图 3－1　西湖龙井茶园

22. 西湖龙井有什么特色？最适制西湖龙井的品种有哪几个？

西湖龙井属于炒青绿茶。明前龙井的鲜叶是一芽一叶或一芽二叶初展叶，芽长于叶，要求叶长2～2.8厘米，叶宽5毫米。成品茶外形挺秀，尖削匀齐，色泽翠绿或嫩黄（糙米色），汤色浅绿明亮，香气鲜嫩清幽、幽中孕兰，滋味鲜爽隽永，叶底嫩绿鲜亮、成朵（图3-2）。

图3-2　西湖龙井

主要适制品种如下。

（1）龙井群体种。产于浙江省杭州市西湖区，为龙井茶区传统栽培品种。省认定品种。有性系。茶树灌木型，分枝密。叶片中等偏小，多为椭圆和长椭圆形，叶色绿或深绿。芽叶较细小、绿或黄绿色、茸毛中等。中生，一芽一叶盛期在4月上旬。产量较高，亩产高档龙井茶10千克左右。春茶一芽二叶干样含茶多酚19.7%、儿茶素11.9%、氨基酸4.0%、咖啡碱3.4%，酚氨比4.9。制西湖龙井，香气浓郁饱满，滋味鲜醇甘爽。抗寒、抗旱性均强，适应性强。适合北方及高寒地区栽培。

（2）龙井43。由中国农业科学院茶叶研究所从龙井群体种中采用单株选育法育成。国家认定品种。无性系。茶树灌木型，分枝密，叶片稍上斜状着生。中叶，叶椭圆形，叶色深绿，叶身平，叶片稍内折（图3-3）。芽叶纤细、绿稍黄色，春梢基部有花青苷呈现的淡红色点，茸毛稀少。

图3-3　龙井43母株

特早生，一芽一叶盛期在3月下旬，芽叶生育力强，发芽整齐，持嫩性较差。产量高，每亩可产高档龙井茶15～20千克。春茶一芽二叶干样含茶多酚15.3%、氨基酸4.4%、咖啡碱2.8%、水浸出物 51.3%，酚氨比 3.5。制西湖龙井，外形扁平光滑挺秀，色泽嫩绿，香气清幽孕兰，滋味鲜爽。抗寒性和适应性强。浙江、江苏、安徽、河南、湖北、贵州、四川、重庆等地有大面积栽培。易受倒春寒和茶炭疽病危害。

（3）中茶 108。由中国农业科学院茶叶研究所用龙井 43 营养枝辐照育成（见问题 16）。国家鉴定品种。无性系。茶树灌木型，分枝密。中叶，叶椭圆形，叶色绿，叶身稍内折，叶面稍隆起。芽叶纤细、淡黄绿色、茸毛稀少。特早生，一芽一叶盛期在 3 月中旬末或 3 月下旬初，芽叶持嫩性强。产量高，亩产高档龙井茶 10～15 千克。春茶一芽二叶干样含茶多酚 12.0%、氨基酸 4.8%、咖啡碱 2.6%、水浸出物 48.8%，酚氨比 2.5。制西湖龙井，外形挺秀尖削，色泽绿翠，香气高锐隽永，滋味清爽嫩鲜。亦适制其他名优绿茶。浙江、江苏、江西、湖北、四川、陕西等地有栽培。抗寒性和适应性强。春茶易受倒春寒危害。

（4）龙井长叶。由中国农业科学院茶叶研究所从杭州狮峰龙井群体种种子苗中单株选育而成。国家认定品种。无性系。茶树灌木型，树姿较直立，分枝较密。中叶，叶长椭圆形，叶色淡绿，叶身平，叶面微隆起。芽叶淡绿色、茸毛中等。中生，一芽一叶盛期在 4 月上旬，芽叶持嫩性强。产量高，亩产高档龙井茶 15 千克左右。春茶一芽二叶干样含茶多酚 10.7%、氨基酸 5.8%、咖啡碱 2.4%、水浸出物 51.1%，酚氨比 1.8。制西湖龙井，苗锋绿翠，香气清高，滋味嫩鲜。亦适制其他名优绿茶。浙江、江苏、安徽、四川、陕西等地有栽培。抗寒性和适应性均强。

23. 钱塘龙井和越州龙井是用什么品种制的？钱塘龙井和越州龙井能与西湖龙井齐名吗？

龙井茶享誉国内外，独特的品质深受消费者的喜爱，产业链的巨大效益影响和带动了原非龙井茶产区生产龙井茶的积极性。自 20 世纪 80 年代起，浙江的绍兴、金华、台州等地也纷纷生产龙井茶。

为了规范和有序生产龙井茶，由原浙江省农业厅为主要起草单位制定了 GB/T 18650—2008《地理标志产品　龙井茶》国家标准。

钱塘龙井和越州龙井同属于炒青绿茶。手工制法与西湖龙井大致相仿。现多用扁形茶炒制机加工，或是机制与手炒相结合。品质特点是扁平光滑挺削，清香鲜爽，醇和爽口，汤色杏绿明亮。除了上述适制西湖龙井的 4 个品种外，尚有以下 3 个品种适制钱塘龙井和越州龙井。

（1）嘉茗 1 号。原名乌牛早。产于浙江省永嘉县原罗溪乡，历史悠久，是浙江为数不多的早期农民选育的无性系品种之一。省认定品种。茶树灌木型，分枝较稀。中叶，叶椭圆形，叶色绿，叶身稍内折，叶面稍隆起，叶尖钝尖。芽叶绿色、茸毛中等。特早生，2 月中旬开采。产量较高。春茶一芽二叶干样含茶多酚 13.1%、氨基酸 4.7%、咖啡碱 2.4%、水浸出物 48.2%，酚氨比 2.9。制龙井茶（大佛龙井），扁平光滑、香高味醇。也适制其他绿茶。抗寒、抗旱性和适应性均强。当地有“三年两头台”的做法，即采摘两年后第三年在树丛下部刈割，所以茶树无粗老枝，亦无采摘蓬面。易受倒春寒危害。浙江、江苏、江西、安徽、陕西等地有大面积栽培。

（2）浙农 117。由浙江大学茶叶研究所从福鼎大白茶（见问题 56）与云南大叶种自然杂交后代中采用单株选育法育成。国家鉴定品种。无性系。茶树灌木型，分枝较密，叶片水平状着生。中叶，叶长椭圆形，叶色深绿，叶身稍内折，叶面微隆起，叶尖骤尖。芽叶肥壮、绿色、茸毛中等或偏少。早生，一芽一叶盛期在 3 月下旬或 4 月初，芽叶持嫩性强。产量高。春茶一芽二叶干样含茶多酚 17.2%、氨基酸 3.2%、咖啡碱 2.9%、水浸出物 46.7%，酚氨比 5.4。制龙井茶，外形挺直，色泽绿润，花香持久，滋味鲜爽。亦适制其他绿茶和红茶。抗寒性和适应性强。浙江、重庆等地有栽培。

（3）鸠 16。由浙江省淳安县农业技术推广中心茶叶站从鸠坑群体种中采用单株选育法育成。无性系。茶树灌木型，分枝密度中等，叶片上斜状着生。中叶，叶长椭圆形，叶面平，叶色绿，叶身平。芽叶黄绿色、茸毛较少，芽尖白绿色。特早生，一芽一叶初展在3月下旬初。产量较高。春茶一芽二叶干样含茶多酚18.5%、氨基酸5.2%、咖啡碱3.4%、水浸出物49.0%，酚氨比3.6。制龙井茶（千岛玉叶），扁平挺直，光滑尖削，色泽嫩绿鲜润，嫩栗香，滋味醇厚甘爽。也适制针形绿茶。抗寒性中等，抗旱性强。易受倒春寒危害。

钱塘龙井与西湖龙井的主要差别是条索较宽大，色泽偏绿略带毛，香味不及西湖龙井馥郁鲜爽；越州龙井与西湖龙井的主要差别是条索较宽松，带有蒂头（鱼叶或嫩茎），色泽偏黄有毛，滋味浓尚鲜爽，常带有高火味，缺乏西湖龙井“韵味”——香味淳雅。诚然，优质的钱塘龙井、越州龙井与西湖龙井差异并不明显。但无论自然环境、历史底蕴、品牌价值、国内外知名度等，都不能与西湖龙井相提并论。

24 径山茶是什么品种制的？为什么说是日本茶的渊源？

径山茶属于烘青绿茶。产于浙江省境内天目山东延部分的杭州市余杭区径山、黄湖、鸬鸟、百丈等乡镇。天目山崇山峻岭，道路蜿蜒曲折，“径山”因有捷径通天目山主峰而得名。径山茶始于唐，据《余杭县志》载，唐天宝元年（742年），僧人法钦到径山结庵时，“尝手植茶数株，采以供佛，逾年蔓延山谷，其味鲜芳，特异他产，今径山茶是也。”但径山茶盛名于宋，宋代叶清臣在《文集》中说，钱塘、径山产茶质优异。日本僧人圆尔辨圆和南浦昭明先后于南宋端平二年（1235年）和开庆元年（1259年）到径山寺留学，回国时带去径山茶籽以及供佛待客等礼仪，茶籽播种在静冈县的安倍川和藁科川，茶礼在日本也广为推崇，这都是今之日本茶种、茶道的渊源。

径山茶为径山群体种所制，有性系。茶树形态特征与龙井群体种相似。春茶采摘一芽一叶和一芽二叶初展叶，经摊放、杀青、理条、揉捻、烘焙而成。品质特点是条索细嫩紧结，色泽绿润显毫，香气嫩香持久，滋味鲜爽隽永。抗性和适应性强。

25. 安吉白茶是白茶吗？品种名与茶名是否一样？

安吉白茶属于烘青绿茶，20 世纪 80 年代创制，产于浙江省安吉县（图 3－4）。宋徽宗赵佶（1082—1135 年）在《大观茶论》中曰："白茶自为一种，与常茶不同，其条敷阐，其叶莹薄。崖林之间，偶然生出，虽非人力所可致。有者不过四五家，生者不过一二株……须制造精微，运度得宜，则表里昭彻，如玉之在璞，它无与伦也。"现生长在天荒坪镇大溪村横坑坞海拔 800 米高山上的白茶母树很可能是当年白茶的遗存。20 世纪 80 年代经扩繁鉴定后成为无性系品种白叶 1 号，也就是安吉白茶。白叶 1 号为省认定品种。无性系。茶树灌木型，树冠较低矮，分枝较密。中叶偏小，叶长椭圆形，叶面平，叶身稍内折，成熟叶片浅绿色。春季芽叶玉白色，主脉淡绿色，当平均气温超过 23℃后，芽叶会逐渐复绿，故夏秋季均为绿色。芽叶茸毛较少。中偏晚生，一芽二叶期在 4 月中旬。产量中等。春茶一芽二叶干样含茶多酚 13.7％、氨基酸 6.3％、咖啡碱 2.3％、水浸出物 49.8％，酚氨比 1.7。安吉白茶主要有直条形（针形）和扁形两种。采摘春茶一芽一叶到一芽三叶，按不同嫩度加工。针形茶主要工序为摊放、杀青、理条、搓条、初烘、摊凉、焙干等，品质特点是外形纤秀，翠绿光润，香气鲜嫩馥郁，滋味鲜

图 3－4　安吉白茶

爽隽永，汤色鹅黄清澈，叶底莹薄透明。扁形茶加工类似于龙井茶。浙江、江苏、安徽、江西、湖南、湖北、四川、贵州等地都有大面积栽培。抗日灼性差，易遭小贯小绿叶蝉危害。

26. 获得1915年巴拿马万国博览会金奖的惠明茶是什么品种制的？

惠明茶为半烘炒绿茶。历史名茶。产于浙江省景宁畲族自治县赤木山麓际头、惠明寺一带，据传为唐时畲族老人雷太祖在赤木山所种。据《处州府志》载，明成化年间（1482年）已列为贡品。惠明茶获1915年巴拿马万国博览会金奖，故又称“金奖惠明茶”。

主栽品种为惠明群体种。有性系。茶树灌木型，分枝密。叶片有大叶、中叶等，叶长椭圆或椭圆形，叶色深绿，叶身内折，叶面隆起。芽叶黄绿色、茸毛多。中生，一芽一叶盛期在4月上旬。产量高。春茶一芽二叶干样含茶多酚18.1%、儿茶素14.8%、氨基酸3.9%、咖啡碱4.6%、水浸出物47.4%，酚氨比4.7。春分前后采摘一芽一叶，工序有摊放、杀青、揉捻、理条、提毫整形、炒干等。提毫整形是用双手将茶叶在炒茶锅中反复滚搓理条，再单手握住茶在锅壁沿同方向旋搓，让白毫显露，茶条弯曲。品质特点是条索紧结，翠绿显毫，香气清高持久，似兰花香，滋味鲜爽甘醇，有水果味。抗寒、抗旱性均强。

27. 古人为何将顾渚紫笋作为优质茶标杆？有传统的栽培品种吗？

顾渚紫笋属烘青绿茶。产于浙江省长兴县顾渚山一带。始创于唐代。陆羽《茶经》载：“浙西以湖州上……”浙西即指长兴顾渚一带。陆羽认为：“顾渚山茶芳香甘冽，冠于他境，可荐于上。”由于陆羽的推崇，紫笋茶成了贡茶，并荐为历朝贡茶。唐代在顾渚山设立了贡茶焙院（茶作坊）。据宋代《蔡宽夫诗话》载："湖州（长兴古时属湖州管辖）紫笋入贡，每岁以清明日贡到……紫笋生顾渚，在湖（州）、常（州）二境之间，以其萌茁紫而似笋。"历来官宦和茶人雅士多将紫笋茶作为优质茶标杆并与之相比。紫笋茶唐时为蒸青碾压饼茶，宋时为蒸青模压龙团茶，明代才改为散茶。

长兴县位于苏浙皖三省交界处，濒临太湖，冬寒夏热，雨水丰沛。品种是紫笋群体种。有性系。茶树灌木型，分枝密。中叶，叶椭圆形，叶色绿。芽叶黄绿色，芽尖微紫色，芽叶茸毛中等。中生，一芽一叶盛期在4月上旬。产量高。春茶一芽二叶干样含茶多酚17.5%、氨基酸3.9%、咖啡碱4.6%、水浸出物45.7%，酚氨比4.5。发芽期中等，4月上中旬采制，采一芽一叶初展叶至一芽二叶初展叶。工序有摊青、杀青、理条造形、烘干。品质特点是外形芽叶如笋，色泽绿润，香气清高似兰花香，滋味鲜醇回甘，叶底嫩匀成朵。抗性强。

28. 鸠坑种是什么样的品种？最适制什么茶？

鸠坑毛尖属半烘炒绿茶。产于浙江省淳安县鸠坑乡，古称睦州鸠坑茶。鸠坑产茶约始于东汉，唐代李肇《唐国史补》载："湖州有顾渚紫笋……婺州有东白，睦州有鸠坑。"毛锡文《茶谱》载："茶，睦州之鸠坑，极妙。"

鸠坑茶主要生长在鸠坑乡塘联村一带的鸠坑源，品种是国家认定品种鸠坑群体种。在鸠坑乡翠峰村海拔约520米高山上，有一高约2.8米，树幅约3.5米×3.2米，基部有20多个分枝的"鸠坑茶树王"。有性系。茶树灌木型，树姿半开张，分枝密。中叶，叶有长椭圆形、椭圆形等，叶色绿，叶身平或稍内折，叶面平或稍隆起。芽叶绿色、茸毛中等。中生，一芽二叶盛期在4月中旬。产量高。春茶一芽二叶干样含茶多酚21.1%、儿茶素17.6%、氨基酸4.1%、咖啡碱5.0%、水浸出物49.7%，酚氨比6.1。鸠坑毛尖采摘春茶一芽一叶至一芽二叶初展叶，工艺有摊放、杀青、理条、揉捻、初烘、做形、足火等。品质特点是条索紧结挺直，翠绿显银毫，香气清高，滋味浓鲜醇爽。抗寒、抗旱、适应性均强。20 世纪 60～70 年代引种到多个产茶省以及非洲的几内亚、马里等国。

29. 磐茶 1 号品种是怎样选育的？有什么特点？

磐茶 1 号是由浙江省磐安县农业农村局等从产于浙江东阳的木禾群体种中采用单株选育法育成。国家登记品种。无性系。茶树灌木型，树姿开张。中叶，叶长椭圆形、绿色，叶身稍背卷，叶面稍隆起，叶尖渐尖。春茶单芽到一芽二叶均为黄绿色，芽叶茸毛较多。中生，一芽一叶期在 4 月初，持嫩性强。产量高。春茶一芽二叶干样含茶多酚 23.1％、儿茶素 17.5％、氨基酸 4.8％、咖啡碱 2.8％、水浸出物 47.3％，酚氨比 3.6。制龙井茶和针形茶，色泽绿翠，锋苗挺秀，清香高锐，滋味甘醇鲜爽；制毛峰茶，细嫩绿翠显毫，香气高鲜显花香，滋味甘醇鲜爽；制红茶有花香，滋味甜醇。磐茶 1 号适制多种优质茶。抗寒和抗高温性均较强。

30. 迎霜是推广面积较多的育成品种之一，它有什么特点？

迎霜是由原浙江杭州余杭茶叶试验场（今杭州市农业科学院茶叶研究所）从福鼎大白茶与云南大叶种自然杂交后代中采用单株选育法育成。国家认定品种。无性系。茶树灌木型，树姿较直立，分枝密度中等，叶片上斜状着生。中叶，叶椭圆形，叶色绿偏黄，叶面稍隆起，叶身稍内折，叶质软。芽叶黄绿色、茸毛中等。早生，一芽一叶期在 3 月底，即使晚霜未断，仍萌芽生长，故名迎霜。产量高。春茶一芽二叶干样含茶多酚 18.1％、氨基酸 5.4％、咖啡碱 3.4％、水浸出物 44.8％，酚氨比 3.4。制绿茶，色泽绿润，香气高鲜持久，滋味浓鲜。也适制红茶。抗寒、抗旱性较强。浙江有大面积栽培，江苏、安徽、江西、湖南、湖北等地有引种。

31. 碧螺春为什么在历史上被称为“吓煞人香”？是品种香还是花果香？

碧螺春属半烘炒绿茶。产于江苏省苏州市吴中区洞庭山及周边，故又名洞庭碧螺春。洞庭山是太湖中的东西两岛，已有一千多年产茶史，北宋乐史的《太平寰宇记》（987年前后）载：“江南东道苏州长洲县洞庭山……山出美茶，岁为入贡。”唐诗人皮日休、陆龟蒙常在此采茶、品茗、吟诗。碧螺春创制于明末清初，因香气特高，当初称之为“吓煞人香”。“碧螺春”相传为康熙命名。洞庭山常年有太湖水体调节，再加上茶园周围有桃、李、杏、柿、枇杷、梅、柑橘等多种果树间作，生态条件得天独厚，茶叶自然品质优良。不过，茶叶的香味主要取决于品种和制作工艺，与果树的花果香并没有直接关系。品种主要是洞庭群体种，亦有后期引进的福鼎大白茶、鸠坑群体种等。

洞庭群体种为有性系。茶树灌木型，分枝密。中偏小叶，叶椭圆或长椭圆形，叶色绿，叶身平。芽叶绿色、中毛。中偏早生，一芽一叶盛期在4月上旬。产量较高。春茶一芽二叶干样含茶多酚17.3%、儿茶素9.8%、氨基酸4.1%、咖啡碱3.7%，酚氨比5.3。春分至谷雨间采制。采摘1.6～2厘米长的一芽一叶初展叶，采回后进行拣剔，俗称“过堂”，即拣去鱼叶、“抢标”（顶芽）。制高档碧螺春500克干茶需要6.8万～7.4万个芽叶。在专用炒茶锅中手工制作，主要工序是杀青、揉捻、搓团显毫、烘干等。炒制时，揉中带炒，炒中有揉，连续操作。搓团显毫是碧螺春制作的关键工艺。品质特点是外形条索纤细卷曲成螺，茸毛披覆，呈茸球状，银绿隐翠，花香幽雅，滋味鲜爽绵长，汤色浅绿有浑毫，叶底嫩匀成朵。1959年被评为全国十大名茶之一。抗寒、抗旱性均强。

32. 阳羡雪芽取名于苏轼之诗，是什么品种制的？

阳羡雪芽属于炒青绿茶。茶名取自于苏轼“雪芽我为求阳羡”诗句。历史上阳羡茶又称阳羡紫笋，与顾渚紫笋同为唐代贡茶，产于江苏宜兴。宜兴产茶历史悠久，陆羽《茶经》载：“常州义（宜）兴县生君山悬脚岭北峰下。”唐代卢仝在《走笔谢孟谏议寄新茶》中有“天子须尝阳羡茶，百草不敢先开花”之说，可谓唐时绝品贡茶。

栽培品种以国家认定品种宜兴群体种为主，也有引进的鸠坑种和福鼎大白茶等。宜兴群体种产于江苏省宜兴市。有性系。茶树灌木型，分枝密。中偏小叶，叶椭圆形，叶色绿，叶身平。芽叶绿或黄绿色、中毛。中生，一芽三叶盛期在4月下旬。产量较高。春茶一芽二叶干样含茶多酚21.2%、儿茶素11.3%、氨基酸2.9%、咖啡碱3.8%，酚氨比7.3。制阳羡雪芽采摘芽叶长度2～2.5厘米的一芽一叶初展叶，芽长于叶。加工工序有摊放、杀青、轻揉、整形干燥等。品质特点是条索紧直细匀，翠绿显毫，香气清雅，滋味鲜醇。抗寒、抗旱性均强。

33. 黄山毛峰品质除了优越的自然环境外与品种有关系吗？

黄山毛峰属烘青绿茶，历史名茶。黄山产茶历史悠久，据《徽州府志》载：“黄山产茶始于宋之嘉祐，兴于明之隆庆。”又据清代江澄云《素壶便录》记：“黄山有云雾茶，产高山绝顶，烟云荡漾，雾露滋培，其柯有历百年者，气息恬雅，芳香扑鼻，绝无俗味，当为茶品中第一。”据《徽州商会资料》，黄山毛峰于清光绪年间（1875年前后）为谢裕泰茶庄创制。汤口、岗村、杨村、芳村为黄山毛峰“四大名家”产地。黄山处在中亚热带季风气候区，山高谷深，多奇峰兀石，云海莫测，是著名风景区。茶园多分布在海拔500～800米的山坡地。

栽培品种主要是黄山种、茗洲种、祁门槠叶种等。

（1）黄山种。又名黄山大叶种。产于黄山市黄山区的汤口、谭家桥，徽州区的富溪、杨村，歙县的大谷运、竦坑、许村等地。国家认定品种。有性系。茶树灌木型，分枝较密。大叶，叶椭圆形，叶色绿，叶身平或背卷，叶面稍隆起。芽叶绿色、多毛。中偏晚生，一芽三叶盛期在4月下旬。产量高。春茶一芽二叶干样含茶多酚21.9%、儿茶素11.0%、氨基酸5.0%、咖啡碱4.4%，酚氨比4.4。清明至谷雨间采制。特级毛峰采春茶一芽一叶初展叶，一级毛峰采一芽一叶至一芽二叶初展叶。制作工序有摊放、杀青、揉捻、烘干等。关键工艺是揉捻和烘干。特级和一级原料在杀青达到适度后，继续在锅内抓炒，起到揉捻和理条作用。烘干温度前高后低，循序降低，在结束烘干前锅温再提高3～4℃，有利于毫香透发。品质特点是外形匀直壮实，毫锋显露、色如象牙，香气清香高长，滋味鲜浓甘醇，叶底嫩黄成朵。“象牙色”是黄山毛峰区别于其他毛峰的最大特征。黄山毛峰为1959年全国十大名茶之一。也适制工夫红茶。抗寒性、抗旱性均强，尤适合在北方及高寒地区栽培。历来是山东等北方茶区主要引进品种。

（2）茗洲种。产于安徽省黄山市休宁县流口一带。有性系。茶树灌木型，分枝较密，叶片水平状着生。大叶，叶长椭圆形，叶色深绿，叶身稍内折，叶面隆起，叶质软。芽叶绿色、多毛。中偏晚生，一芽三叶盛期在4月下旬。产量较高。春茶一芽二叶干样含茶多酚19.7%、儿茶素10.8%、氨基酸3.3%、咖啡碱4.2%，酚氨比6.0。制毛峰茶，色泽翠绿，毫锋直露，清香高久，滋味鲜醇回甘。抗寒性、抗旱性均强，适合在北方及高寒地区栽培。

（3）祁门槠叶种。见问题63。

34 获得1915年巴拿马万国博览会金奖的太平猴魁是传说中的猴子采茶吗？有相应品种吗？

太平猴魁属烘青绿茶。创制于1900年前后，获1915年巴拿马万国博览会金奖。产于安徽省黄山市黄山区（原太平县），主产地主要在猴坑、猴岗、颜家等地。因芽尖如“魁首”，产地为“猴坑”，茶名便叫“猴魁”。坊间传说因茶树生长在悬崖峭壁间，茶农让猴子采茶，故名“猴魁”，这纯属戏言。制太平猴魁的品种必须是当地芽叶肥壮的柿大茶品种，用其他品种制的只能叫“太平猴尖”。

图 3－5 烘焙的太平猴魁

柿大茶群体种产于黄山市黄山区猴坑、猴岗、颜家等地。清乾隆、嘉庆年间已有大面积栽培。有性系。省认定品种。茶树灌木型，分枝稀，节间短。大叶，叶椭圆形，似柿叶，叶色绿，叶身平或背卷，叶面隆起，叶缘波状，叶尖钝尖。芽叶淡绿色、茸毛多。中生。产量较高。春茶一芽二叶干样含茶多酚19.0％、儿茶素 6.9％、氨基酸 3.6％、咖啡碱 4.0％、茶氨酸1.7％，酚氨比 5.3。从谷雨到立夏采摘一芽三叶。加工工序为杀青、烘干。烘干是太平猴魁成形的关键工艺，分子烘、老烘和打老火三个阶段，烘焙时要将茶叶整平拉直，以固定成形（图 3－5）。品质特点是外形为两叶抱芽，平扁挺直，自然舒展，白毫隐伏，苍绿匀润，有“猴魁两头尖，不散不翘不卷边”之说，香气兰香高爽，滋味醇厚回甘，谓之“猴韵”。品饮时有“头泡香高，二泡味浓，三泡四泡幽香犹存”之感。叶底叶脉绿中隐红，俗称红丝线，这是猴魁的明显特征。抗性强。

35. 六安瓜片是片茶吗？是什么品种制的？

六安瓜片属半烘炒绿茶。创制于 1905 年前后，是中国历史名茶之一。产于安徽省六安市金寨县和霍山县等地。据《六安县志》

载："产仙茶数株，香味异常，今称齐头山茶，品味最美，商人争购之。"产区位于大别山北麓，冬季寒冷。

栽培品种为独山大瓜子种，又称独山双峰中叶群体种，产于六安市齐云山（齐头山）和独山镇等地。有性系，茶树灌木型，分枝密。中偏小叶，叶长椭圆形，叶色黄绿，叶身内折。芽叶黄绿色、茸毛中等。中生，产量较高。春茶一芽二叶干样含茶多酚19.3%、儿茶素10.7%、氨基酸4.3%、咖啡碱3.6%，酚氨比5.6。六安瓜片采制方式不同于其他茶，在谷雨前后至小满前采摘一芽二三叶，采后进行"扳片"，即去除芽头、茎干，掰下的嫩片（小片）、老片（大片）、茶梗（针把子），分别进行炒制。加工工序有生锅、熟锅、毛火、小火、老火等。生锅即是杀青，熟锅是用高粱穗或竹枝制的炒把将杀青叶在锅中翻炒，炒至叶片散开，叶片发硬为止，然后用烘笼烘焙。毛火后隔一两天烘小火，小火后隔两三天再烘老火，烘至叶面起霜、手捏成末为止。高档瓜片别具一格，单片不带芽和梗，叶边背卷顺直，形如瓜子，色泽翠绿起霜，香气清香持久，滋味鲜醇回甘，叶底黄绿匀亮。六安瓜片为1959年全国十大名茶之一。抗寒性、抗旱性均强，适应性强。

36. 安徽7号是怎样选育的？适制什么茶？

安徽7号由安徽省农业科学院茶叶研究所从祁门群体种中采用单株选育法育成。国家认定品种。无性系。茶树灌木型，树姿直立，分枝密。大叶，叶椭圆形，叶色深绿、有光泽，叶面稍隆起，叶尖钝尖，叶质较厚脆。芽叶淡绿色、茸毛中等。中生，一芽三叶盛期在4月中旬。产量高。春茶一芽二叶干样含茶多酚18.2%、氨基酸3.5%、咖啡碱2.6%、水浸出物50.5%，酚氨比5.2。制绿茶，绿润显毫，香气似兰花香，滋味醇厚。抗寒性和适应性均强。安徽有较大面积栽培，浙江、江苏、江西、河南、湖北等地有引种。

37. 舒茶早是江北早生品种，适制什么茶？

舒茶早由安徽省舒城县原农业局与舒茶九一六茶场从当地群体种中采用单株选育法育成。国家审定品种。无性系。茶树灌木型，树姿半开张，分枝较密，叶片上斜状着生。中叶，叶长椭圆形，叶色深绿，叶身稍背卷，叶面隆起，叶质较厚软。芽叶淡绿色、茸毛中等。早生，一芽三叶盛期在 4 月上旬，芽叶持嫩性强。产量高。春茶一芽二叶干样含茶多酚 14.3%、氨基酸 3.7%、咖啡碱 3.4%、水浸出物 49.1%，酚氨比 3.9。适制“舒城小兰花”历史名茶，品质特点是色泽翠绿，兰香持久，滋味鲜醇回甘。亦适制其他名优绿茶。抗寒性和适应性均强，尤抗晚霜、抗倒春寒能力较强，是北部茶区抗寒性较强的无性系品种之一。在安徽有较大面积栽培，河南、山东、四川等地有引种。

38. 信阳毛尖是产在淮河流域的北方绿茶，是什么品种加工的？

信阳毛尖属半烘炒绿茶。产于河南省信阳市各县区，主产地在信阳市车云山、集云山、天云山、黑龙潭等地。信阳位于大别山北部，古称义阳，陆羽《茶经》有“淮南，以光州上，义阳郡、舒州次，寿州下”的记载。另据《唐书·地理志》载：“义阳土贡品有茶。”又据《信阳县志》记：“本山产茶甚古……”苏东坡谓：“淮南茶信阳第一。”栽培品种主要是信阳群体种和引进的白毫早（见问题 96）等。

信阳种为有性系。茶树灌木型，分枝密。中偏小叶，叶长椭圆或椭圆形，叶色绿或深绿，叶身平。芽叶绿或黄绿色、茸毛多。中生。产量高。春茶一芽二叶干样含茶多酚 18.5%、氨基酸 3.2%、咖啡碱 3.8%，酚氨比 5.8。春茶开采时间在 4 月上旬到 4 月中下旬。特级信阳毛尖采春茶一芽一叶初展叶，一级毛尖采一芽二叶初展叶，二三级毛尖采一芽二三叶。加工工序为摊放、生锅、熟锅、烘焙等。生锅就是杀青，青叶下锅后用圆帚挑抖茶叶，反复多次，并在锅中裹住茶条轻揉，直至茶条绵软收紧（图3－6）。熟锅是继续用圆帚在锅内轻揉生锅的茶叶，待茶条稍紧不粘手后用抓条和甩条手法进行理条，理条达七八成干时出锅稍凉后烘焙。烘焙分初烘和复烘，复烘至含水率达6%以下。特级毛尖外形呈长条形，一级为针形，品质特点是条索紧细圆直显锋苗，色泽翠绿或绿润，香气有嫩香、清香、栗香多种，滋味鲜爽。信阳毛尖获1915年巴拿马万国博览会金奖，为1959年全国十大名茶之一。抗寒、抗旱性均强，适应性强。

图3－6　用圆帚炒制

39. 紫阳毛尖是富硒茶之一，是因为栽培品种多硒吗？

紫阳毛尖属半烘炒绿茶。中国北方名茶之一。产于陕西省紫阳县大巴山。据《紫阳县志》载：“紫阳茶每岁充贡，陈者最佳，醒酒消食，清心明目。”唐时是团饼茶，难以干燥，有类似黑茶的闷堆，故“陈者最佳”。另据《西乡县志》载：“陕南惟紫阳茶有名。”

栽培品种为紫阳大叶泡，又称紫阳群体种。主产于陕西省紫阳县。国家认定品种。有性系。茶树灌木型，分枝密。中叶，叶椭圆形，叶色绿，叶身稍内折，叶面隆起，叶尖钝尖。芽叶黄绿色，间杂微紫红色，芽叶茸毛多。早生。产量较高。春茶一芽二叶干样含茶多酚16.2%、儿茶素10.4%、氨基酸4.1%、咖啡碱4.7%，酚氨比4.0。清明前10天左右采摘一芽一叶和一芽二叶初展叶。加工工序为杀青、初揉、炒坯、复揉、初烘、理条、复烘、提毫、足干、焙香。品质特点是条索紧细，色泽绿润富白毫，香气清鲜，滋味鲜醇回甘。紫阳毛尖是富硒茶之一，主要是土壤中硒含量较高，与品种性状关系不大，也就是说，紫阳群体种栽培在其他地方，不一定能制出富硒茶。抗寒、抗旱性均强。

40. “扬子江中水，蒙山顶上茶”是指哪一些茶？有哪些适制品种？

四川是茶文化的发祥地，史记“自秦人取蜀而后，始有茗饮之事”。蒙顶山，又名蒙山，古称西蜀蒙山，因“雨雾蒙沫”而得名，有“西蜀漏天，中心蒙山”之说。蒙顶山山势巍峨，有上清、菱角、玉女、甘露、灵泉构成的著名莲花五峰，也是皇茶园所在地。蒙顶茶在唐代已享盛名，白居易诗赞：“琴里知闻唯渌水，茶中故旧是蒙山。”黎阳王《蒙山白云岩茶》诗曰：“若教陆羽持共论，应是人间第一茶。”明代陈绛《辨物小志》载：“扬子江中水，蒙山顶上茶。”蒙顶茶包括蒙顶甘露、蒙顶石花、蒙顶黄芽等，除蒙顶黄芽是黄茶外，其他都是绿茶。茶区海拔多在 800～1 300 米。

蒙顶甘露属半烘炒绿茶。产于四川省雅安市名山区蒙顶山。早期均是用灌木中小叶川茶群体品种采制，现今有引进品种福鼎大白茶（见问题 56）以及当地选育的名山白毫 131、名山早 311 等。春分开始采摘单芽，采至一芽二叶初展为止。加工工序有摊放、杀青、头揉、炒二青、二揉、炒三青、三揉、整形、初烘、复烘等。其中整形是关键工艺，反复用抓、团、揉、搓、撒等手法。品质特点是外形紧秀匀卷，翠绿油润显毫，嫩香高爽持久，滋味鲜嫩爽口。主要品种介绍如下。

（1）川茶群体种。一般将产于名山、荥经、邛崃、崇州、眉山等县市区的地方品种称“川茶种”。有性系。茶树灌木型，树姿开张，分枝密。中偏小叶，叶椭圆、长椭圆或披针形，叶色绿，叶身稍内折，叶面稍隆起，叶尖渐尖，叶齿锐、密、浅，叶质中等。芽叶绿色、茸毛多或少。产量高。早生，一芽二叶期在3月中下旬。春茶一芽二叶干样含茶多酚16.2%、氨基酸3.0%、咖啡碱3.9%，酚氨比5.4。制绿茶，翠绿显毫，清香高锐，滋味鲜醇爽口。耐寒性、耐旱性均强。

（2）名山白毫131。由四川省原名山县茶业局从当地群体种中采用单株选育法育成。国家鉴定品种。无性系。茶树灌木型，树姿半开张，分枝密，叶片水平状着生。中叶，叶椭圆形，叶色绿，叶面平，叶身稍内折，叶尖钝尖，叶质软。芽叶黄绿色、茸毛特多，产量高。早生，一芽二叶初始期在3月上旬，持嫩性强。春茶一芽二叶干样含茶多酚15.1%、氨基酸3.2%、咖啡碱3.3%、水浸出物34.6%，酚氨比4.7。制绿茶，绿润显毫，清香持久，滋味浓醇。抗寒性强。四川有较大面积栽培，重庆、贵州、湖南、湖北、陕西、河南等地有引种。

（3）名山特早213。由四川省原名山县农业局茶技站、四川省农业科学院茶叶研究所等从当地群体种中采用单株选育法育成。国家鉴定品种。无性系。茶树灌木型，树姿较直立，分枝密，叶片稍上斜状着生。中叶，叶长椭圆形，叶色绿，叶身平，叶面平，叶尖钝尖。芽叶黄绿色、茸毛中等。产量较高。特早生，一芽二叶期在2月底，持嫩性强。春茶一芽二叶干样含茶多酚16.0%、氨基酸2.7%、咖啡碱4.1%、水浸出物39.8%，酚氨比5.9。制绿茶，条索紧结，绿润显毫，清香浓郁，滋味鲜醇。抗性强。四川、重庆有栽培，贵州、湖南、陕西等地有引种。

（4）名山早311。由四川省原名山县茶业局从当地群体种中采用单株选育法育成。省审定品种。无性系。茶树灌木型，树姿较直立，分枝密，叶片上斜状着生。中叶，叶椭圆形，叶色深绿，叶身稍内折，叶面稍隆起，叶质软。芽叶黄绿色、茸毛多。产量高。特早生，一芽二叶初始期在3月初，持嫩性强。春茶一芽二叶干样含茶多酚17.6%、氨基酸3.0%、咖啡碱4.2%、水浸出物33.2%，酚氨比5.9。制绿茶，条索紧结绿润，清带栗香，滋味鲜醇。抗寒性强。四川、重庆等地有栽培。

41. 巴渝特早品种有什么特点？适制什么茶？

巴渝特早由重庆市农业推广总站从福鼎大白茶有性后代中采用单株选育法育成。国家鉴定品种。无性系。茶树小乔木型，树姿半开张，分枝较密，叶片上斜状着生。中叶，叶椭圆形，叶色深绿，叶身内折，叶面稍隆起，叶质较硬。芽叶绿色、茸毛较多。产量高。特早生，一芽二叶期在2月底。春茶一芽二叶干样含茶多酚16.3％、氨基酸3.3％、咖啡碱3.5％、水浸出物43.3％，酚氨比7.2。适制绿茶。采摘单芽和一芽一叶初展叶，经摊放、杀青、揉捻、理条、提毫、烘干等工序制作的巴南银针，紧秀挺直、绿润披毫，清香鲜洁，滋味鲜醇甘爽。所制金佛玉翠为重庆名茶之一。抗寒性强。重庆、四川等地有较大面积栽培。

42. 都匀毛尖史称鱼钩茶，是用什么品种制的？

都匀毛尖属烘青绿茶。产于贵州省都匀市及贵定、惠水等县。据《都匀府志》载，早在明代，都匀产鱼钩茶、雀舌茶，并已列为贡茶。鱼钩茶获1915年巴拿马万国博览会金奖。1956年改名为都匀毛尖。现在的都匀毛尖是黔南布依族苗族自治州的公用品牌，核心产区在都匀市毛尖镇。栽培品种主要是当地的鸟王群体种和福鼎大白茶（见问题56）等。

鸟王种又名仰望种。有性系。茶树灌木型，分枝密。中叶，叶椭圆或长椭圆形，叶色绿或深绿，叶身稍内折。芽叶绿色、多毛。早生。产量高。春茶一芽二叶干样含茶多酚15.2％、儿茶素11.5％、氨基酸2.7％、咖啡碱3.2％，酚氨比5.6。一般4月初开采。极品茶采摘单芽，一级茶在一芽一叶初展时采摘，二级茶在一芽一叶展时采摘。要求芽叶长度不大于2.5厘米。加工工序有杀青、揉捻、整形、提毫、烘干等。全程均手工在炒茶锅中进行。其中提毫是双手轻握茶叶揉团，边揉边在锅中干燥。品质特点是外形

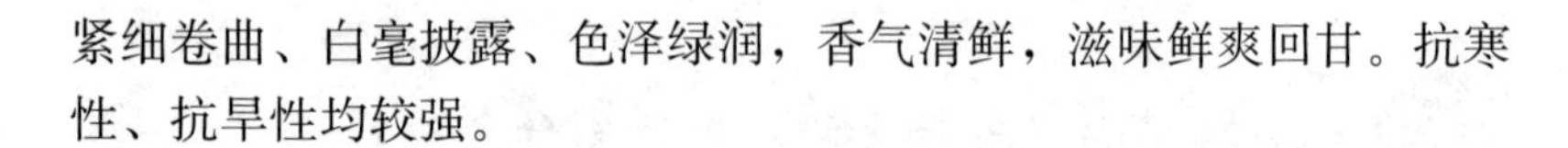

紧细卷曲、白毫披露、色泽绿润，香气清鲜，滋味鲜爽回甘。抗寒性、抗旱性均较强。

43. 湄潭苔茶是贵州传统品种，适制什么茶？

湄潭苔茶主产于贵州省湄潭县，邻近的凤冈等地亦有种植。国家认定品种。有性系。茶树灌木型，树姿半开张，分枝密，叶片水平状着生。中叶，叶椭圆形，叶色绿，叶身稍内折，叶面隆起，叶质中等。芽叶绿色、茸毛多。产量高。中生，一芽三叶盛期在4月中旬。春茶一芽二叶干样含茶多酚20.4%、氨基酸2.6%、咖啡碱4.9%，酚氨比7.8。适制绿茶。1940年，在杭州龙井茶技师的指导下，用湄潭苔茶创制了湄潭龙井，1980年改名为湄江翠片。4月初采摘一芽一叶初展叶，经摊放、杀青、理条、二炒整形、三炒辉锅而成。品质特点是外形光扁平直，色泽翠绿，嫩香清高，滋味甘鲜爽口，叶底嫩匀成朵。抗寒性和适应性强。

44. 黔湄601是贵州推广面积最多的育成品种之一，有什么特点？

黔湄601由贵州省茶叶研究所从镇宁团叶茶与云南大叶种人工杂交F_1代中采用单株育种法育成。国家审定品种。无性系。茶树小乔木型，树姿半开张。大叶，叶椭圆形，叶色绿、富光泽，叶身平，叶面稍隆起，叶质较硬。芽叶绿色、肥壮、多毛。中生，一芽二叶期在4月中旬。产量高。春茶一芽二叶干样含茶多酚21.0%、氨基酸3.3%、咖啡碱3.5%、水浸出物43.6%，酚氨比6.4。采摘芽长约2厘米的单芽，经摊青、杀青、做形、烘干而成的贵州银芽茶，扁削如剑、黄绿显毫，花香持久，醇爽回甘。亦适制红茶。抗寒、抗旱性较弱。贵州有较大面积栽培，四川、重庆、湖南等地有引种。

45. 恩施玉露是知名蒸青茶，是用“蒸青品种”制的吗？

恩施玉露是蒸青绿茶。蒸青主要是杀青工序用蒸汽蒸，而非用铁锅加热炒，所以任何茶树品种都可制蒸青茶，即没有专用的蒸青茶品种。恩施玉露创制于 1680 年前后，为历史名茶。产于湖北省恩施市五峰山一带。据明代黄一正《事物绀珠》载：“茶类今茶名……崇阳茶、蒲圻茶、圻茶、荆州茶、施州茶、南木茶。”古时恩施称施州。相传清朝康熙年间，有一茶商用其制的焙茶灶制的茶叶，外形紧直坚挺，毫白如玉，初称“玉绿”，后改为“玉露”，因主产地在恩施，故名“恩施玉露”。恩施是富硒茶产地之一。

品种是恩施大叶群体种，产于恩施市安乐屯等地。有性系。茶树灌木型，分枝较密。大叶，叶椭圆形，叶色绿、有光泽，叶身平或稍内折，叶尖钝尖。芽叶黄绿或绿色、茸毛多。产量高。春茶一芽二叶干样含茶多酚 19.9%、儿茶素 9.5%、氨基酸 3.4%、咖啡碱 4.5%、茶氨酸 1.59%，酚氨比 5.9。早生，春茶清明前开采，谷雨前结束。在晴天午前采摘一芽一叶或一芽二叶初展叶，芽要长于叶，老嫩一致。加工工序为蒸青、扇干水分、铲头毛火、揉捻、铲二毛火、整形上光、拣选等。关键工艺是蒸青和整形上光。蒸青是在特制蒸青灶上蒸 40～50 秒。铲头毛火是将蒸青叶放在 140℃左右的焙炉上，双手迅速高抛抖散。铲二毛火是在焙炉上将揉捻叶继续左右来回揉搓。整形上光俗称搓条，即两手心相对，顺同一方向揉搓茶叶，到茶条成细长圆形约八成干时，再用力揉搓，至九成干时适当轻搓焙干。品质特点是条索圆紧挺直如针，色泽苍翠光润，香气清鲜持久，滋味纯正清爽。抗性和适应性强。湖北省宣恩县特产技术推广服务中心采用单株育种法从中选育出适制绿茶的省审定品种鄂茶 10 号。

46. 峡州碧峰是三峡名茶，有哪些适制品种？

峡州碧峰属半烘炒绿茶。创制于 1979 年。宜昌古称夷陵，又

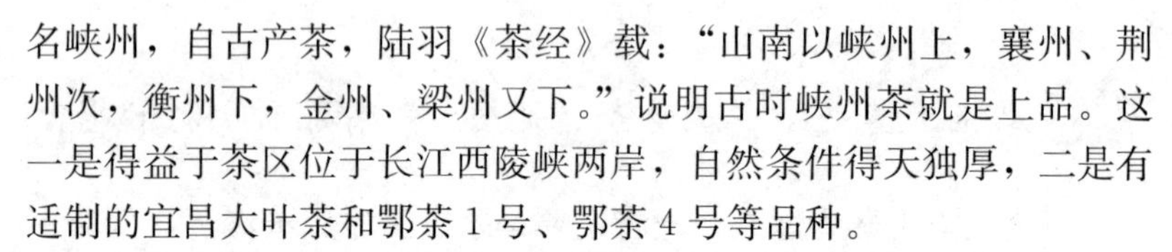

名峡州，自古产茶，陆羽《茶经》载："山南以峡州上，襄州、荆州次，衡州下，金州、梁州又下。"说明古时峡州茶就是上品。这一是得益于茶区位于长江西陵峡两岸，自然条件得天独厚，二是有适制的宜昌大叶茶和鄂茶1号、鄂茶4号等品种。

（1）宜昌大叶茶。主产于湖北省宜昌市太平溪、邓村等乡镇。国家认定品种。有性系。茶树灌木型，树姿直立或半开张，分枝较密。大叶，叶长椭圆或披针形，叶色绿或黄绿，叶身平或稍内折，叶面隆起。芽叶绿或黄绿色、多毛。中生。产量高。春茶一芽二叶干样含茶多酚18.4%、儿茶素11.2%、氨基酸3.3%、咖啡碱4.5%，酚氨比7.0。特级峡州碧峰茶采摘一芽一叶，一级采摘一芽二叶初展叶，芽长3厘米左右。加工工序为摊青、杀青、摊凉、初揉、初烘、整形、提毫、足干。品质特点是条索紧秀，翠绿显毫，汤色碧绿，香气清高持久，滋味鲜醇回甘，叶底嫩绿匀齐。也适制宜红工夫茶。抗性和适应性强。

（2）鄂茶1号。由湖北省农业科学院茶叶研究所从福鼎大白茶与梅占人工杂交F_1代中采用单株选育法育成。国家审定品种。无性系。灌木型，树姿半开张，分枝较密，叶片上斜状着生。中叶，叶长椭圆形，叶色深绿、有光泽，叶身稍内折，叶面稍隆起，叶质软。芽叶黄绿色、茸毛中等。产量较高。特早生，一芽二叶初展在3月下旬到4月初，持嫩性强。春茶一芽二叶干样含茶多酚18.1%、氨基酸3.4%、咖啡碱2.9%、水浸出物50.7%，酚氨比9.9。制绿茶，色泽苍绿稍翠，香气清高持久似栗香，滋味鲜醇回甘。抗寒、抗旱性强。湖北有较大面积栽培，湖南、四川、贵州、河南等地有引种。

（3）鄂茶4号。又名宜红早。由湖北省宜昌市太平溪茶树良种站从宜昌大叶茶群体种中采用单株选育法育成。国家审定品种。无性系。茶树灌木型，树姿半开张，分枝较密，叶片水平状着生。中叶，叶长椭圆形，叶色黄绿，叶身平或稍内折，叶面稍隆起，叶质厚软。芽叶黄绿色、多毛。产量中等。特早生，一芽二叶初展在3月中下旬。春茶一芽二叶干样含茶多酚22.3%、氨基酸2.8%、咖啡碱3.2%、水浸出物55.8%，酚氨比8.0。制峡州碧峰，紧秀翠绿显毫，汤色碧绿，香气清高持久，滋味醇爽回甘。采摘一芽一二叶制宜红工夫，条索乌润显橙毫，汤色红亮，偶有“冷后浑”现象，略有花香，滋味甜醇。抗寒性较强。湖北有较大面积栽培。

47. 古丈毛尖曾获得西湖博览会优质奖，它是什么品种制的？

古丈毛尖属炒青绿茶。唐代已是贡茶。产于湖南省古丈县。古丈位于武陵山区，古属永顺，据《桐君录》载，东汉时永顺就是全国八大茶区之一。

适制品种有古丈群体种，无性系品种有福鼎大白茶和福云 6 号（见问题 56）、碧香早（见问题 49）、白毫早（见问题 96）等。古丈群体种为有性系。茶树灌木型，分枝密。中偏小叶，叶椭圆或长椭圆形，叶色绿，叶身稍内折。芽叶绿色、多毛或中毛。早生。产量较高。春茶一芽二叶干样含茶多酚 14.2%、氨基酸 3.7%、咖啡碱 3.8%，酚氨比 3.8。3 月底开采一芽一叶。加工工序有摊放、杀青、初揉、炒二青、复揉、炒三青、做条、提毫。做条是“理条、拉条、搓条”，反复进行定形。品质特点是色泽翠绿显白毫，条索紧细圆直，锋苗挺秀，香气高锐，滋味醇爽回甘。抗寒、抗旱性均强。

48. 槠叶齐是湖南推广面积最多的育成品种之一，适制什么茶？

槠叶齐由湖南省农业科学院茶叶研究所从安化群体种中采用单株育种法育成。国家认定品种。无性系。茶树灌木型，树姿半开张，分枝密，叶片上斜状着生。中叶，叶椭圆形，叶色绿或黄绿，叶身稍内折，叶面平。芽叶黄绿色、茸毛中等。中生，一芽二叶期在 4 月初。产量高。春茶一芽二叶干样含茶多酚 17.8%、氨基酸 4.4%、咖啡碱 4.1%、水浸出物 40.4%，酚氨比 4.0。适制绿茶。制湖南名茶高桥银峰，翠绿显毫，香高味鲜。亦适制红茶。抗寒性

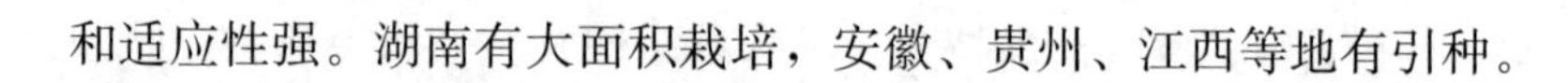
和适应性强。湖南有大面积栽培，安徽、贵州、江西等地有引种。

49. 碧香早是怎样育成的？绿茶品质有什么特点？

碧香早由湖南省农业科学院茶叶研究所从福鼎大白茶与云南大叶种人工杂交 F_1 代中选育而成。省审定品种。无性系。茶树灌木型，树姿半开张，分枝密。中叶，叶长椭圆形，叶色绿，叶面隆起，叶身稍内折。芽叶绿色、茸毛较多。中生，一芽二叶期在 4 月上旬。产量高。春茶一芽二叶干样含茶多酚 18.3%、氨基酸 6.7%、咖啡碱 4.7%、水浸出物 47.8%，酚氨比 2.7。适制绿茶。制毛峰茶，翠绿显毫，香气高锐，滋味鲜爽持久，叶底嫩绿明亮。抗寒性和适应性强。湖南、湖北、江西、河南、山东等地有引种。

50. 庐山云雾茶是用什么品种制的？

庐山云雾茶属烘青绿茶。产于江西省九江市庐山。历史名茶。古称“江州茶”“庐山茶”“钻林茶”，因庐山终年云雾缭绕，明代始称庐山云雾茶。庐山种茶始于东汉，据《庐山志》载，东汉时，庐山梵宫寺院多至三百余座，僧侣攀危崖，冒飞泉，采野茶以解渴。亦有于白云深处劈崖填谷，栽种茶树，采制茶叶。清代李绂的《六过庐记》中说：“山中皆种茶，循茶径而直下清溪。”朱德诗赞：“庐山云雾茶，味浓性泼辣。若得长时饮，延年益寿法。”

品种是庐山云雾群体种。有性系。茶树灌木型，分枝密。中叶，叶椭圆形，叶色绿，叶身平或稍内折。芽叶绿色、茸毛较多。早生。产量较高。4 月初开采，特级茶采春茶一芽一叶初展叶，芽长不大于 3 厘米。加工工序有摊放、杀青、揉捻、炒二青、理条、搓条、提毫、烘焙等。关键工艺是理条、搓条和提毫。理条是在锅中用抓和甩的手法理直茶条。搓条是用手掌搓茶，搓至条索紧结成形为止。提毫是当茶叶八成干时，用手掌将茶条互相搓磨，以使白毫显露。品质特点是外形青翠多毫，香气嫩鲜有豆花香，滋味醇厚甘爽，叶底嫩绿微黄。抗寒、抗旱性均强。由江西省九江市农业农村局等从庐山群体种中采用单株育种法育成的国家登记品种庐茶1号，适制优质庐山云雾茶。

51. 获得1915年巴拿马万国博览会金奖的狗牯脑茶名出何处？有相应的品种吗？

狗牯脑茶属半烘炒绿茶。江西历史名茶。产于江西省遂川县汤湖镇狗牯脑山，因山像狗头，茶名亦因山名而取。

品种为狗牯脑群体种。有性系。茶树灌木型，分枝密。中叶，叶椭圆形，叶色绿，叶身平，叶面平，叶缘平。芽叶淡绿色、茸毛中等。早生。产量较高。春茶一芽二叶干样含茶多酚22.4%、儿茶素15.1%、氨基酸3.8%、咖啡碱4.4%、茶氨酸1.52%，酚氨比5.9。3月底开采，特级茶采一芽一叶初展叶，一级茶采一芽一叶，二级茶采一芽二叶初展叶。在炒茶锅中手工制作，工序有摊放、杀青、揉捻、整形、烘干。其中揉捻和整形是关键工艺。揉捻是杀青叶出锅后趁余温用双手握住茶叶作半球状揉搓，至茶汁稍有渗出，再用双手轻搓，稍干后手掌互对，反复在锅内揉团、理条、提毫，最后烘干。品质特点是条索紧细，绿润显毫，香气清幽，滋味鲜爽甘醇，叶底嫩绿明亮。抗寒、抗旱性均强。

52. 凌云白毛茶是茶名还是品种名？品种有什么特点？

凌云白毛茶茶名与品种名相同。茶名又称凌云白毫，属烘青绿茶。凌云白毛茶为广西历史名茶，清朝乾隆年间已负盛名。据《凌云县志》载："凌云白毫自古有之，玉洪乡产出颇多。"另据《广西通志》记："白毛茶……树之大者高二丈，小者七八尺。嫩叶如银针，老叶尖长，如龙眼树叶而薄，背有白色茸毛，故名，概属野生。"主要产地在广西壮族自治区百色市凌云、乐业、田林、西林等县，以凌云县玉洪瑶族乡、田林县利周瑶族乡、西林县古障镇和百色市右江区大楞乡分布最多。1964 年，作者等在凌云县玉洪瑶族乡发现一株树高 9.9 米，树幅 6.4 米，树干径 25.0 厘米，最低分枝高度 2.2 米的大茶树。1985 年，县农业局又在玉洪瑶族乡发现一株古茶树，虽在 1915 年被砍过，长出 7 个分枝，但树干径仍有 44.5 厘米，树高 2.0 米，树幅 6.1 米。

凌云白毛茶品种为国家认定品种。有性系。茶树小乔木树型，分枝较稀。大叶，最大叶长×宽为 19.3 厘米×7.3 厘米，叶椭圆或长椭圆形，叶色青绿，叶身平或稍内折，叶面强隆起、无光泽，叶尖急尖或渐尖，叶质薄软，叶背主脉多毛。芽叶黄绿色、茸毛特多。春茶一芽二叶干样含茶多酚 25.8%、氨基酸 3.4%、咖啡碱 4.5%，酚氨比 7.6。早生。产量较高。清明至谷雨期间采制品质最优。特级白毫采单芽为主，一级采一芽一叶，二级采一芽一二叶。手工制作工序有摊放、杀青、揉捻、烘干等。所制凌云白毫，条索肥壮、白毫特多，清香持久，滋味甘醇。采摘单芽制针形白茶，色如象牙白，汤色嫩黄，桃香或梅香明显，滋味清鲜甘饴。耐寒、耐旱性均弱，适应性较差。

53. 获得 1915 年巴拿马万国博览会银质奖的南山白毛茶为什么又叫圣山种？有什么特点？

南山白毛茶属炒青绿茶。广西历史名茶。主产于广西壮族自治区横州市（横县）宝华山主峰和政华村一带。南山白毛茶相传为明朝建文帝手植遗种。传说建文帝避难至横县南山应天寺，将带的七株白毛茶种于此，故后人就将南山白毛茶称为“圣种”。孙桧《余墨偶谈》述：“山中出红腰米白毛茶，建帝驻此山时，米茶仅帝一人所用。米茶较通常米粒长三四分，腰有红绿一道，至今出不多。香逾早春，味略厚，作淡黄色，叶有白毛始不伪。”不过，腰有红绿一道的米茶现已不复存在。《广西通鉴》载：“南山茶，叶背白茸如雪，萌芽即采，细嫩类银针，色味胜龙井，饮之清芬沁齿，天然有荷花香，真异品也。”南山白毛茶于清嘉庆十五年（1810 年）被列为全国24个名茶之一。

品种名与茶名相同。有性系。茶树小乔木型，树姿半开张或直立，分枝较密。中叶，叶椭圆形，少数卵圆形，叶色绿或黄绿，叶身稍内折，叶面平，叶尖钝尖或锐尖，叶质较厚脆。芽叶黄绿色，嫩芽叶基部多有微紫红色，芽叶茸毛多。早生。产量较高。春茶一芽二叶干样含茶多酚27.0%、氨基酸3.3%、咖啡碱4.5%，酚氨比8.2。一般在春分前10多天开采，采摘以一芽一叶为主。手工制作有摊放、杀青、揉捻、炒干等工序，中间需要“三揉三炒”。由于鲜叶果胶质含量高，易粘手粘锅，所以二炒与三炒之间要洗手洗锅。成品茶特点是条索紧细微曲，满披茸毫，色泽银白透绿，香气清鲜有荷香，滋味醇厚甘爽。也适制红茶。抗性和适应性较强。

54 白牛茶能碎铜钱是怎么回事？是特异品种吗？

白牛茶属炒青绿茶。产于广西壮族自治区金秀瑶族自治县罗香乡白牛村，故名白牛茶。金秀古属象州，象州在唐代已是茶区。白牛茶原是生长在大瑶山原始林中的野生茶树，当地瑶胞挖苗种于寨前村后，渐成居群。白牛茶茶味浓酽，有一奇特现象是，将未冲泡的干茶与古铜币同时放入嘴里咀嚼，可将铜钱嚼碎，旧时茶商和茶农以此来鉴别茶叶品质好坏。庄晚芳诗赞：“不少传闻流古今，西山白毫碧云天；铜钱嚼碎表优劣，石乳奇茗永世珍。”现知部分云南绿茶、武夷山绿茶也可在嘴中将铜钱嚼碎。嚼时口中苦涩难当。其机理尚不明确，可能与高茶多酚、高咖啡碱络合物有关。

白牛村茶树品种也称白牛茶，主产于罗香乡白牛村，长垌、罗香、大樟、六巷等乡亦有生长。群体品种。茶树有乔木、小乔木和灌木型，树姿直立，分枝密。最高树达12米以上。叶片有特大叶、大叶和中叶，叶椭圆或长椭圆形，叶色绿，叶身稍内折，叶面稍隆起。芽叶绿色、少毛。春茶一芽二叶干样含茶多酚28.9%、儿茶素13.3%、氨基酸2.0%、咖啡碱4.2%，酚氨比14.5。一般在4月初到4月下旬采摘一芽一二叶，经杀青、揉捻、炒干而成。绿茶

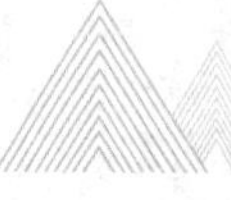

外形条索粗松黝黑，香气浓而欠清纯，味浓厚较苦涩。抗性中等。

55. 乐昌白毛茶是广东大叶品种，适制什么茶？

乐昌白毛茶属半烘炒绿茶。乐昌白毛茶品种主要生长在广东省乐昌市。陆羽《茶经》载："南岭茶生福州、建州、韶州……往往得之，其味极佳。"乐昌在隋开皇九年（589年）后属韶州，表明唐代乐昌已产茶。《乐昌县志》记："白毛茶产于大山中，叶有白毛故名，味清而香。"相同类型的茶树，产于仁化的称仁化白毛茶，产于乳源的称乳源大叶茶，其茶树特征、适制茶类、品质特点基本上同乐昌白毛茶。

乐昌白毛茶为国家认定品种。主要分布在广东省乐昌、仁化、乳源、曲江等地，以乐昌市沿溪山一带最为集中，故又称沿溪山白毛茶。群体种。茶树小乔木型，树姿直立或半开张，树高在3～6米。大叶，叶长椭圆或披针形，叶色绿或黄绿、富光泽，叶身平或稍内折，叶面平或稍隆起。芽叶肥壮、绿或黄绿色、茸毛特多。春茶一芽二叶干样含茶多酚29.3%、儿茶素15.7%、氨基酸1.1%、咖啡碱5.7%，酚氨比26.6。采摘一芽一叶初展叶，手工制作工序有摊青、杀青、揉捻、初干（炒干）、整形提毫、足干（烘干）。品质特点是条索绿润富白毫，香气清高持久，滋味甘醇隽永。也适制红茶和白茶。抗性较强。乐昌农场采用单株育种法从中选育出省审定品种乐昌白毛1号，适制红茶、绿茶、白茶。

56. 福建省有适制绿茶的本土品种吗？

福建省是"乌龙茶王国"，无论是传统品种还是育成品种都以乌龙茶为主．但也有适制优质绿茶品种，如传统品种有菜茶、福鼎大白茶、福鼎大毫茶等，新育成品种有福云6号、福云7号、福云10号、霞浦春波绿、早春毫、早逢春、霞浦元宵茶等。现选择部分品种作一介绍。

（1）福鼎大白茶。又名福鼎白毫、福大。产于福建省福鼎市点头镇柏柳村，1855年由茶农从群体种中选育而成。国家认定品种。无性系。茶树小乔木型，树姿半开张，分枝较密。中叶，叶椭圆形，叶色绿，叶面稍隆起，叶身平或稍内折，叶尖钝尖，叶质中等。芽叶黄绿色、茸毛特多，持嫩性强。早生，一芽二叶期在3月下旬到4月初。产量高。春茶一芽二叶干样含茶多酚14.8%、氨基酸4.0%、咖啡碱3.3%、水浸出物49.8%，酚氨比3.7。制毛峰、毛尖茶，翠绿显毫，栗香高久，滋味鲜醇。亦适制白琳工夫红茶和白毫银针、白牡丹白茶。耐寒性、耐旱性和适应性均强。多个产茶省市有大面积栽培。因品种的特异性、一致性和稳定性符合国际植物新品种保护联盟对品种的有关规定，被定为茶树品种的标准种和育种试验的对照种。

（2）福云6号。由福建省农业科学院茶叶研究所从福鼎大白茶与云南大叶种自然杂交后代中采用单株选育法育成。国家认定品种。无性系。茶树小乔木型，植株较高大，树姿半开张，分枝较密。大叶，叶椭圆形，叶色绿，叶身平，叶面稍隆起，叶质较厚软。芽叶绿偏黄色、茸毛特多。特早生，一芽二叶初展在3月中下旬，芽叶持嫩性强。产量高。春茶一芽二叶干样含茶多酚14.9%、氨基酸4.7%、咖啡碱2.9%、水浸出物45.1%，酚氨比5.4。制烘青绿茶，条索紧细，黄绿显毫，香气清高，滋味鲜醇。亦适制白茶。抗寒性和适应性均强。广西、湖南、江西等地有栽培。

（3）霞浦春波绿。由福建省霞浦县茶业管理局从当地群体种中采用单株选育法育成。省审定品种。无性系。茶树灌木型，树姿半开张，分枝较密。中叶，叶长椭圆形，叶色绿，叶身平，叶面稍隆起，叶质较厚软。芽叶绿偏黄色、茸毛较多。特早生，一芽二叶初展期在3月上旬，芽叶持嫩性强。产量较高。春茶一芽二叶干样含茶多酚16.5%、氨基酸4.5%、咖啡碱3.5%、水浸出物47.3%，酚氨比3.7。制烘青绿茶，色泽绿润显毫，栗香高爽，滋味鲜醇回甘。抗寒、抗旱性和适应性均强。

（4）早春毫。由福建省农业科学院茶叶研究所从迎春品种有性

后代中采用单株选育法育成。省鉴定品种。无性系。茶树小乔木型，植株较高大，树姿直立。大叶，叶长椭圆形，叶色绿，叶身平或稍内折，叶面稍隆起，叶质较厚软。芽叶淡绿色、茸毛较多。特早生，一芽二叶初展期在3月上中旬，芽叶持嫩性强。产量高。春茶一芽二叶干样含茶多酚9.8%、氨基酸6.0%、咖啡碱3.4%、水浸出物48.1%，酚氨比只有1.6。适制绿茶，条索绿润显毫，栗香高长，滋味鲜爽。抗寒性和适应性较强。

57. 宝洪茶是什么品种制的？报洪茶与宝洪茶是同一品种吗？

宝洪茶属炒青绿茶。始产于唐代的历史名茶。产于云南省宜良县海拔1 880米的宝洪寺一带。据《宜良县志》记："北乐山在县北二十里。上有古刹，产茶。"据《新纂云南通志》记："滇茶除普洱茶外，有宝洪茶，产宜良……为该地之特品。"据传，茶树品种是开山和尚从浙江杭州或福建引入，前者的可能性较大，因宝洪寺僧人到杭州灵隐寺诵经拜佛，带回的茶籽种在寺庙附近在情理之中，从现今宝洪茶的采制方法和茶叶形状来看，也与杭州龙井茶相似。据作者2011年调查，在寺庙旧址附近，有一树高4.6米，树幅3.2米的茶树，其形态特征与杭州龙井种茶树很相似，属于灌木中小叶型。宝洪群体种是云南少数小叶种之一。有性系。茶树灌木型，分枝密。叶长×叶宽为7.7厘米×3.7厘米，叶椭圆形，叶色绿，叶身稍内折，叶面稍隆起。芽叶绿色、中毛或多毛。春茶一芽二叶干样含水浸出物39.9%、茶多酚17.1%、氨基酸2.9%、咖啡碱3.9%，酚氨比5.9。清明到谷雨前采摘春茶一芽一叶和一芽二叶初展叶，用炒锅手工炒制，工序有摊放、杀青、回潮、辉锅等。关键工艺是杀青后期用抓、扣、撳、抖等手法理直茶条，辉锅时再用压、推、磨等手法将茶叶炒成扁直状。品质特点是外形扁直，苗锋绿翠，汤色黄绿明亮，香气芬芳，滋味鲜浓爽口，叶底嫩匀成朵。谚语有"屋内炒茶室外香，院内炒茶过路香，一人泡茶众人香”之说。抗性强。

在云南高黎贡山和无量山的原始林中以及一些村寨的房前屋后，常见到高大的野生型乔木或小乔木大茶树，群众称其为“报红茶”或“报洪茶”，与宝洪茶音同字不同，不明就里的人认为滇西也产宝洪茶，实际非也。原来这些野生型大茶树属于大理茶种（*C. taliensis*），宝洪茶属于茶种（*C. sinensis*）。据当地老农说，冬季过后，只要茶树越冬芽鳞片开始发红，就预示着茶树要吐芽放叶了，茶农根据这一“预报”采制茶叶，所以称“报红茶”；另一说法是，凡春旱越重，茶芽鳞片越红，预示着当年雨水多，会引发洪涝灾害，故又称“报洪茶”。前一说法有一定的科学道理，因随着茶芽的萌动，树液流向芽体，花青素有所增加，导致鳞片泛红。后一种说法还没有科学依据，只是茶农调侃而已。但不管怎样说，它们与宜良宝洪茶都毫不相干。

58. 十里香果真香飘十里吗？品种是怎样的？

十里香属烘青绿茶。在昆明的老茶客中流传着这样的谚语：“一杯十里香，满屋都飘香。”足见其魅力，但再好的茶香气也飘不到十里，实际上茶名与香气并无瓜葛。原来在云南省昆明东南郊有个十里铺（堡），唐时已产茶，明清时期已为贡茶。历史上十里铺建有驿站，每每过往官吏商贾品茗后，顿觉赏心悦目，两袖生风。因产地距昆明城恰是十里，故名十里香。该地因不是茶叶主产区，在历史的长河中渐被淡出，又因十里铺处于城乡接合部，随着城市的扩大，现早已被湮没在商店和摩天大楼之中。

据作者 1983 年在昆明东南郊现官渡区十里铺、归化寺一带考察，茶树不到百余株，其中最高的一株 1.8 米。有性系。茶树灌木型。中偏小叶，叶椭圆形，少数披针形，叶色绿，叶身稍内折，叶面稍隆起。芽叶绿色、多毛。春茶一芽二叶干样含茶多酚 17.7％、氨基酸 2.6％、咖啡碱 4.1％，酚氨比 6.8。4 月初采摘一芽一叶，手工制作工序有摊放、杀青、揉捻、理条、烘干。品质特点是条索紧秀绿润，香气清鲜高锐，滋味甘醇隽永，为云南优质绿茶之一。抗性强。近年来教学科研部门进行了扩繁，在石林附近建立了十里香茶基地。

59. 云南适制传统绿茶风格的佛香3号是怎样育成的?

佛香3号由云南省农业科学院茶叶研究所从长叶白毫和福鼎大白茶人工杂交F_1代中采用单株选育法育成。省审定品种。无性系。茶树小乔木型，植株较高大，树姿半开张，叶片水平状着生。大叶，叶长椭圆形，叶色绿，叶身内折，叶面隆起，叶质较硬。芽叶绿色、茸毛特多。早生，一芽二叶开采期在2月下旬至3月上旬，芽叶持嫩性强。产量高。春茶一芽二叶干样含茶多酚23.1%、氨基酸4.1%、咖啡碱2.7%、水浸出物50.5%，酚氨比6.6。制绿茶，条索肥硕、银毫满披，香气高长，滋味鲜醇。抗寒性和适应性较强。云南有较大面积栽培。

60. 雪青是用什么品种创制的?

雪青属半烘炒绿茶，是作者1975年在山东省日照县（现为日照市）上李家庄用引种的龙井群体种创制的山东第一个名茶。“雪青”表示雪域茶，也寓意北方茶，是山东主要名茶之一。

山东栽培品种主要是引进的黄山群体种（见问题33）以及部分龙井群体种（见问题22）等抗寒性强的品种。无性系品种有龙井43（见问题22）、福鼎大白茶（见问题56）、鲁茶1号（见问题61）等，但比例较低。雪青采摘一芽一叶和一芽二叶初展叶，芽长1.6～2.5厘米。在电炒锅中加工，手工工序为摊放、杀青、做形、干燥。其中热揉成形和搓团显毫是关键工艺。锅温在80℃左右，用双手拢住茶叶贴锅壁旋滚揉搓3～4个轮回，茶叶初步成条后，锅温降至70℃，再用同样手法揉搓2～3次，待失水率在30%左右，锅温降至50℃，用双手握住茶叶，在手掌上作单向揉搓，使茸毫显露，搓成的团块即放在锅内干燥，然后再旋搓第二个、第三个……此时要边旋转搓揉，边薄摊于锅底烘干，每隔2～3分钟轻翻、解块一次，直至完全干燥。品质特点是条索肥硕卷曲、绿润显毫，清香高锐，滋味醇厚，耐冲泡。

61. 鲁茶1号是怎样育成的？有什么特点？

鲁茶1号由山东省日照市茶叶科学研究所从引种的黄山群体种中（见问题33）采用单株选育法育成。省审定品种。无性系。茶树灌木型，植株中等，树姿半开张，分枝较密，叶片上斜状着生。中叶，叶椭圆形，叶色深绿，叶面隆起，叶尖钝尖，叶质厚。芽叶绿色、茸毛中等，持嫩性强。中生，一芽一叶初展在4月下旬。产量较高。春茶一芽二叶干样含茶多酚16.6％、氨基酸6.0％、咖啡碱2.5％、水浸出物47.1％，酚氨比2.8。制绿茶，深绿显毫，栗香高久，滋味浓醇回甘，耐冲泡。抗寒性强。

第四篇 红茶品种

62. 红茶是怎样的茶？红茶发酵的机理是什么？

红茶是全发酵茶，因工艺相对复杂，故又称工夫茶。适制红茶品种要求茶多酚、咖啡碱、儿茶素含量高，尤其是表没食子儿茶素没食子酸酯（EGCG）、表儿茶素没食子酸酯（ECG）和表没食子儿茶素（EGC）比例要高。鲜叶经萎凋、揉捻（揉切）、发酵、干燥而成，制作的关键工序是发酵。发酵的机理是让芽叶中的儿茶素充分氧化成茶黄素和茶红素。优质红茶总体特征是汤色红艳有金圈，花果香或蜜糖香浓郁，滋味鲜浓甜润或醇厚甘爽。红茶的干茶色泽是由叶绿素的水解产物以及果胶质、蛋白质、糖和儿茶素的氧化物附于表面形成的，干燥后呈现乌润或棕褐色。我国最著名的红茶有安徽祁门红茶、云南滇红茶、广东英德红茶和福建的正山小种、金骏眉等。现今红茶无论是产量还是销量都居全国第二位，2023年全国茶叶总产量333.95万吨（不包括台湾省），其中红茶49.1万吨，占比14.7%。全国茶叶内销总量240.4万吨（不包括台湾省），红茶占比15.7%。

需要说明的是，适制红茶的品种除了以下品种外，大部分乌龙茶品种都适宜制红茶，且花香浓郁，滋味醇厚，经久耐泡。

63. 世界三大高香红茶之一的祁门工夫是用什么品种制的？

祁门工夫，简称祁红，中小叶种著名红茶，是与斯里兰卡锡兰红茶、印度大吉岭红茶齐名的世界三大高香红茶之一，获 1915 年巴拿马万国博览会金奖。1959 年全国十大名茶之一。

祁门红茶核心产区在安徽省祁门县，毗邻的石台、东至、贵池、黟县等县区也有生产。祁门茶唐代已负盛名，但以饼茶为大宗。据杨晔的《膳夫经手录》载："歙州、婺州、祁门、婺源方茶，制置精好。"不过，清光绪以前祁门所产茶均为绿茶。直至光绪元年，黟县人余干臣由福建回籍，因羡红茶畅销多利，在至德县（今东至县）仿效闽红工艺制作红茶，并在祁门历口、闪里专注生产，逐步形成红茶产区。所以祁红创制于 1875 年，至今才 150 年左右。现根据安徽省地方标准《祁门红茶》（DB34/T 1086—2009），分为祁门工夫红茶、祁红香螺、祁红毛峰等品类。适制品种有祁门槠叶种以及安徽 3 号、杨树林 783 等。

（1）祁门槠叶种。主要分布在安徽省祁门县历口、凫峰等乡，因叶形似槠树叶，故名祁门槠叶种，简称祁门种。19 世纪曾引种到黑海沿岸的格鲁吉亚、俄罗斯等国。国家认定品种。有性系。茶树灌木型，分枝密。叶椭圆或长椭圆形，叶色绿，叶身稍内折，叶面稍隆起，叶质较厚软。芽叶绿黄色、茸毛中等。中生，一芽三叶盛期在 4 月下旬。产量高。春茶一芽二叶干样含茶多酚 20.7％、儿茶素 15.6％、氨基酸 3.5％、咖啡碱 4.0％，酚氨比 5.9。高档祁门工夫采摘一芽二叶，中档采摘一芽三叶和同等嫩度对夹叶。工序有萎凋、揉捻、发酵、初烘、摊凉、复烘、摊凉回潮、足烘等。品质特点是条索紧细苗秀，色泽乌润，汤色红艳明亮，似玫瑰花香或果糖香（俗称"祁门香"，主要是香叶醇、苯乙醇所呈现的玫瑰香），滋味鲜醇，叶底红亮。也适制毛峰形绿茶。抗性和适应性强。尤适合在北方及高寒地区栽培。江苏、湖北、河南、山东等地有引种栽培。

（2）安徽 3 号。由安徽省农业科学院茶叶研究所从祁门群体种中采用单株选育法育成。国家认定品种。无性系。茶树灌木型，树姿半开张，分枝密，叶片水平状着生。大叶，叶长椭圆形，叶色绿、有光泽，叶面稍隆起，叶质软。芽叶黄绿色、茸毛多。中生偏早，一芽三叶盛期在 4 月中旬。产量高。春茶一芽二叶干样含茶多

酚 15.6%、氨基酸 4.0%、咖啡碱 3.1%、水浸出物 50.9%，酚氨比 3.9。红茶有“祁红”传统特征。亦适制绿茶。抗寒性和适应性均强。安徽省有较大面积栽培，江苏、江西、河南等地有引种。

（3）杨树林 783。由安徽省祁门县原农业局从祁门杨树林群体种中采用单株选育法育成。国家审定品种。无性系。茶树灌木型，树姿半开张，分枝较密，叶片水平状着生。大叶，叶椭圆形，叶色深绿、有光泽，叶面稍隆起，叶质软。芽叶黄绿色、茸毛中等。中偏晚生，一芽三叶盛期在 4 月下旬。产量中等。春茶一芽二叶干样含茶多酚 18.8%、氨基酸 3.8%、咖啡碱 3.2%、水浸出物 47.4%，酚氨比 4.9。红茶有“祁红”风格，花香显著，滋味鲜甜爽口。亦适制绿茶。抗寒性和适应性均强。“祁红”地区有较大面积栽培。

64 滇红工夫是我国著名大叶种红茶，有哪些适制品种？

滇红工夫简称滇红（图 4-1）。主产于云南省临沧市、西双版纳傣族自治州、保山市和普洱市等。历史不到百年，最早是 1938 年由当时中国茶业公司的冯绍裘和范和钧分别在顺宁（今凤庆）和佛海（今勐海）试制，成功后在两地建立实验茶厂，并定名为“滇红”。现今“滇红”泛指云南大叶种制的红条茶，并不代表某一个

图 4-1 滇红工夫

品牌。主产县市有凤庆、云县、双江、勐海、景洪、孟连、昌宁等。知名品牌有中国红、经典58、凤牌纤红、昌宁红、单芽金丝红、娜允红珍、帕卡金毫等。高档滇红以采摘春茶一芽一二叶为主。鲜叶经萎凋8～10小时，揉捻60～90分钟，发酵3～4小时，最后分2次烘干而成。滇红主要是以芳樟醇为主呈现花果香和甜香，其品质可与印度红茶媲美。采制品种多以当地群体种为主。无性系品种有云抗10号、云抗14号、云抗37号、云选9号、普茶1号、短节白毫、清水3号等。现介绍几个品种如下。

（1）勐库大叶茶。产于双江自治县勐库镇所有产茶村寨，海拔在1 400～1 900米。国家认定品种。有性系。茶树小乔木型，树高普遍在4～7米，树姿半开张，分枝中等或较密。特大叶，最大叶长×宽为23厘米×8.5厘米，叶椭圆或长椭圆形，叶色绿或深绿或黄绿，叶面有光泽，叶身平，叶面隆起，叶尖渐尖或尾尖，叶质厚软。芽叶肥壮、黄绿或绿色、茸毛特多，持嫩性强。早生，春茶一芽三叶盛期在3月中下旬。产量高。春茶一芽二叶干样含茶多酚24.4%、儿茶素19.0%（其中EGCG为3.56%）、氨基酸3.8%、咖啡碱3.8%、茶氨酸2.049%、没食子酸1.12%、水浸出物46.6%，酚氨比19.9。制滇红工夫，条索肥硕重实，金毫满披，汤色红艳有金圈，甜香高长，滋味浓厚鲜醇甘爽。亦适制晒青茶。抗寒性和抗茶饼病弱。

（2）凤庆大叶茶。又称“原头子”。主产于凤庆县凤山镇、勐佑镇、大寺乡等。海拔1 900～2 000米。国家认定品种。有性系。茶树小乔木型，树姿直立或半开张，树高普遍在3～6米，分枝较密。特大叶，最大叶长×宽为20.5厘米×8.1厘米，叶椭圆或长椭圆形，叶色绿或深绿，叶身平或稍内折，叶面隆起，叶质厚软。芽叶肥壮、绿色、多毛，持嫩性强。中生，春茶一芽三叶盛期在3月下旬到4月初。产量较高。春茶一芽二叶干样含茶多酚26.0%、氨基酸2.8%、咖啡碱4.1%、水浸出物43.7%，酚氨比10.4。制滇红工夫，条索紧结披橙毫，汤色红亮有金圈，花香兼甜香，滋味浓厚鲜爽。亦适制晒青茶。抗寒、抗旱性较弱。20世纪50～60年代广东、福建、海南等地有引种栽培。

（3）勐海大叶茶。主要分布在勐海县格朗和哈尼族乡、布朗山布朗族乡、勐混镇、勐宋乡等。海拔1 200～2 000米。国家认定品种。有性系。茶树小乔木型，树姿半开张，树高3～7米，分枝较密。特大叶，最大叶长×宽为22厘米×7.2厘米，叶长椭圆或椭圆形，叶色深绿或绿、有光泽，叶身平或略背卷，叶面隆起，叶质厚软。芽叶肥壮、绿或黄绿色、毛特多，持嫩性强。早生，春茶一芽三叶盛期在3月中下旬。产量高。一芽二叶干样含茶多酚28.2%、儿茶素17.4%、氨基酸3.0%、咖啡碱4.9%、水浸出物49.6%，酚氨比14.3。制滇红工夫，条索肥硕有金毫，汤色红亮显金圈，有花香，滋味浓强甜醇，富刺激性。亦适制晒青茶。抗寒、抗旱性和抗茶饼病弱。

（4）云抗10号。由云南省农业科学院茶叶研究所从南糯山群体种中采用单株选育法育成。国家认定品种。无性系。茶树小乔木型，树姿开张，分枝密，叶片稍上斜状着生。大叶，叶长椭圆形，叶色绿，叶身稍内折，叶面稍隆起，叶尖急尖，叶质较厚软。芽叶肥壮、黄绿色、茸毛特多。早生，春茶一芽三叶盛期在3月下旬。产量高。春茶一芽二叶干样含茶多酚15.6%、氨基酸4.2%、咖啡碱2.6%、水浸出物45.5%，酚氨比10.9。制红茶，色泽乌润，汤色红浓明亮，香气高久，似花香，滋味浓醇。抗寒性较强。亦适制晒青茶。云南有大面积栽培，四川、贵州等地有引种。

（5）云抗14号。由云南省农业科学院茶叶研究所从南糯山群体种中采用单株选育法育成。国家认定品种。无性系。茶树小乔木型，树姿开张，分枝较密，叶片水平状着生。大叶，叶长椭圆形，叶色深绿，叶身稍弯折，叶面隆起，叶尖急尖，叶质厚软。芽叶肥壮、黄绿色、茸毛特多，持嫩性强。中生，春茶一芽三叶盛期在4月上旬。产量高。春茶一芽二叶干样含茶多酚27.1%、儿茶素14.6%、氨基酸4.1%、咖啡碱4.5%、水浸出物46.5%，酚氨比8.8。制红茶，色泽乌润，汤色红浓明亮，香气高久，滋味浓鲜，刺激性强。抗寒性较强。云南有大面积栽培，四川、贵州有引种。

（6）云茶1号。由云南省农业科学院茶叶研究所从元江糯茶群体种中采用单株选育法育成，是国家林业和草原局授予植物新品种权品种。无性系。茶树小乔木型，树姿半开张，分枝密，叶片上斜状着生。大叶，叶椭圆形，叶色深绿、有光泽，叶身稍内折，叶面隆起，叶质厚脆。芽叶肥壮、黄绿色、茸毛特多。特早生，春茶一芽二叶盛期在 2 月中旬。产量较高。春茶一芽二叶干样含茶多酚 23.5%、儿茶素 15.9%、氨基酸 3.4%、咖啡碱 4.3%，酚氨比 6.9。制红茶，色泽棕润，香气高，滋味浓鲜。抗寒性较强。云南有栽培，湖南、广西等地有引种。

（7）普茶 2 号。又名短节白毫，由云南省普洱茶树良种场从当地群体种中采用单株育种法育成。无性系。省登记品种。茶树乔木型，树姿半开张，叶片稍上斜状着生，节间短。大叶，叶矩圆形，叶色绿、富光泽，叶身稍背卷，叶面隆起，叶基半圆形，叶质厚软。芽叶粗壮、绿色、茸毛特多。早生，一芽二叶期在 3 月上旬。产量高。春茶一芽二叶干样含茶多酚 27.3%、儿茶素 16.4%、氨基酸 2.3%、咖啡碱 4.9%、水浸出物 48.0%，酚氨比 11.9。制红茶，香高持久，滋味鲜浓甜醇。亦适制晒青绿茶。抗寒性弱，抗旱性较强。云南有较大面积栽培。

（8）清水 3 号。由云南滇红集团茶叶科学研究所从凤庆清水群体种中采用单株选育法育成。无性系。茶树小乔木型，树姿半开张，分枝密，叶片稍上斜状着生。大叶，叶椭圆形，叶色绿黄，叶身稍内折，叶面稍隆起，叶质较厚软。芽叶黄绿色、茸毛多。早生，春茶开采期在 3 月上旬。产量高。春茶一芽二叶干样含茶多酚 27.7%、儿茶素 14.6%、氨基酸 3.7%、咖啡碱 3.4%，酚氨比 7.5。制红茶，花香持久，间或似奶香，滋味浓醇甘爽。亦适制晒青绿茶。抗寒、抗旱性强。

65. 英德红茶是什么品种制的？大叶种红茶为什么会有“冷后浑”？

英德红茶简称英红，1959 年创制，产于广东省英德市。英德古称英州，明代以前已是广东产茶县之一，明时茶已是贡品。据《英德县志》记：“茶产罗坑、大埔、乌泥坑者，香古味醇……”不

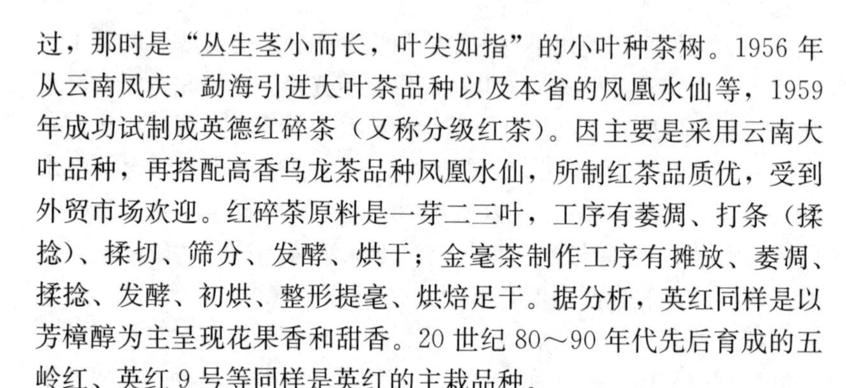

过，那时是“丛生茎小而长，叶尖如指”的小叶种茶树。1956年从云南凤庆、勐海引进大叶茶品种以及本省的凤凰水仙等，1959年成功试制成英德红碎茶（又称分级红茶）。因主要是采用云南大叶品种，再搭配高香乌龙茶品种凤凰水仙，所制红茶品质优，受到外贸市场欢迎。红碎茶原料是一芽二三叶，工序有萎凋、打条（揉捻）、揉切、筛分、发酵、烘干；金毫茶制作工序有摊放、萎凋、揉捻、发酵、初烘、整形提毫、烘焙足干。据分析，英红同样是以芳樟醇为主呈现花果香和甜香。20世纪80～90年代先后育成的五岭红、英红9号等同样是英红的主栽品种。

（1）五岭红。由广东省农业科学院茶叶研究所从英红1号有性后代中采用单株选育法育成。国家审定品种。无性系。茶树小乔木型，树姿半开张，分枝密。大叶，叶椭圆形，叶色深绿、富光泽，叶身内折，叶面隆起，叶齿锐深，叶质厚软。芽叶肥壮、黄绿色、少毛，持嫩性强。早生，春茶一芽三叶期在3月下旬至4月上旬。产量高。春茶一芽二叶干样含茶多酚18.7%、氨基酸3.5%、咖啡碱3.6%、水浸出物46.3%，酚氨比5.3。制红碎茶，色泽乌润，颗粒重实，汤色红艳，香气高久显花香，滋味浓强甘鲜。抗寒性较弱。广东有较大面积栽培，四川、湖南、广西等地有引种。

（2）英红9号。由广东省农业科学院茶叶研究所从引进的云南大叶种群体种中采用单株选育法育成。省审定品种。无性系。茶树小乔木型，树姿半开张，分枝较密。特大叶，叶椭圆形，叶色淡绿、富光泽，叶身稍内折，叶面隆起，叶质厚软。芽叶肥壮、黄绿色、少毛。早生，春茶一芽三叶期在3月下旬。产量高。春茶一芽二叶干样含茶多酚21.3%、氨基酸3.2%、咖啡碱3.6%、水浸出物55.2%，酚氨比6.7。制工夫茶，色泽乌褐显金毫，汤色红亮富金圈，蔗甜香高长，滋味浓醇甜润。用一芽一叶初展叶制金毫茶，条索圆紧、金毫满披，毫香或花香持久，滋味浓爽甘滑。抗寒性较弱。

英红、滇红等大叶种红茶茶汤常会出现“冷后浑”现象，即茶汤冷却到16℃左右出现的乳状浑浊液，又称“乳凝”，是茶黄素与咖啡碱的络合物，是优质红茶的表现。一般大叶品种，茶黄素与咖啡碱含量高，此现象多见。

66. 正山小种与金骏眉是什么品种制的？

正山小种是历史名茶。主产于福建武夷山市、光泽县等地，以武夷山市桐木关一带的最正宗。由于采用松柴明火加温萎凋和干燥，带有馥醇的松烟香、蜜枣味，故又称“小种红茶”。

小种红茶被称为“红茶之祖”。原来武夷山最早都是生产岩茶（乌龙茶）的。据传，明末军队驻扎在武夷山桐木关时，有士兵在茶包上坐卧，导致茶青变红，业主无奈将其揉捻、炒制，并用当地盛产的马尾松烘烤，无意中制成了形似绿茶，色泽泛红，有松脂香气、桂圆汤味的茶，这可能就是小种红茶的雏形。

正山小种主要采用当地的菜茶群体种，又名武夷菜茶，栽培历史不详。有性系。茶树灌木型，分枝较密。中叶，叶椭圆或长椭圆形，叶色绿或深绿，叶身平或稍内折，叶质较厚脆。芽叶淡绿或紫绿色、茸毛较少。一芽三叶盛期在 4 月中下旬。产量较高。采摘一芽二三叶，经萎凋、揉捻、发酵、过红锅（锅炒，以钝化酶的活性，进一步散发青气，是正山小种特殊工艺）、复揉、熏焙等工序。品质特点是条索紧实、乌黑油润，汤色金黄似琥珀色，香气芬芳浓郁，带松烟气，滋味醇厚似桂圆味，叶底厚实呈古铜色。抗寒、抗旱性强。

在小种红茶工艺基础上，采摘菜茶品种的单芽或一芽一叶，烘焙工艺中取消松枝熏焙，消除烟味，制成细嫩的高档红茶，称为“金骏眉”或“银骏眉”。与祁红一样，金骏眉亦是以香叶醇、苯乙醇呈现玫瑰香味。

67. 政和工夫、坦洋工夫、白琳工夫“三大工夫”是什么品种制的？

政和工夫是“三大工夫”茶中最具有高山茶品质特征的红条茶。主产于福建省政和县。据史料记载，19 世纪中叶，政和全县已遍植茶树，品种就是政和大白茶，主产于铁山镇。国家认定品种。无性系。茶树小乔木型。树姿直立，大叶，叶椭圆形，叶色深绿、富光泽，叶身平，叶面隆起，叶齿锐、深、密，叶质厚脆。芽叶肥壮、黄绿带微紫色、茸毛特多。晚生，一芽二叶期在 4 月中旬。产量高。春茶一芽二叶干样含茶多酚 13.5%、氨基酸 5.9%、咖啡碱 3.3%、水浸出物 46.8%，酚氨比 10.4。采摘一芽一二叶，经萎凋、揉捻、发酵、干燥制成的政和工夫，条索肥壮重实，色泽乌润显橙毫，汤色红艳金圈厚，香气似紫罗兰香，滋味浓醇甘鲜。亦适制西路银针白茶。抗性强，适应性强。广东、浙江、江西、湖南、四川等地有引种栽培。

坦洋工夫初制于清同治年间，主产于福建省福安市坦洋村。毗邻的寿宁、周宁、霞浦、柘荣等县也有生产。栽培品种是菜茶群体种（见问题 66）。4 月上旬采摘一芽二三叶。品质特点是条索紧结圆直，色泽乌润显橙红，汤色红明，香气高爽，滋味醇厚。

白琳工夫创制于 19 世纪中叶，主产于福鼎市白琳、点头等地。栽培品种是福鼎大白茶（见问题 56）。白琳工夫特点是条索紧结纤秀，橙毫满披，汤色红艳，香高持久，滋味甘醇鲜爽。

68. 川红工夫产自哪里？是什么品种制的？

川红工夫是 20 世纪 50 年代创制的红茶，简称川红。主产于四川省宜宾市的筠连、高县和珙县等地，毗邻的自贡和重庆也有生产。主产区栽培品种主要是国家认定的早白尖种。有性系。茶树灌木型，树姿开张，分枝密。中叶，叶长椭圆形，叶色绿，叶身平或稍内折，叶面稍隆起。芽叶淡绿色、多毛。早生，春茶一芽二三叶期在 3 月下旬。产量高。春茶一芽二叶干样含茶多酚 20.5%、儿茶素 17.3%、氨基酸 2.7%、咖啡碱 4.5%，酚氨比 7.6。采摘一芽二三叶，经萎凋、揉捻、发酵、烘焙而成。川红工夫品质特点是条索圆紧，乌润显金毫，汤色红亮，香气带甜香，滋味醇厚鲜爽。“早白尖”珍品红茶受到国内外市场赞誉，1985 年获世界优质食品金奖。亦适制绿茶。抗寒、抗旱性强。重庆市农业科学院茶叶研究所采用单株育种法从早白尖种中选育出适制红茶、绿茶的国家审定品种早白尖5号。

69. 宜红工夫产自哪里？有哪些适制品种？

宜红工夫简称宜红，是我国最早的红茶之一，始产于19世纪中叶。主产于湖北省鄂西山区的宜都、恩施、鹤峰、长阳、五峰等县市。因集中于宜昌销售，故名宜红。栽培品种除了宜昌大叶茶（见问题46）外，还有鹤峰苔子茶、五峰大叶茶等。

（1）鹤峰苔子茶。产于鹤峰县铁炉白族乡等地。有性系。茶树灌木型。树姿开张或半开张，分枝密。中叶，叶椭圆或长椭圆形，叶色绿或黄绿，叶身平或稍内折，叶面稍隆起，叶质薄软。芽叶绿色、多毛。产量较高。中偏晚生，一芽三叶盛期在4月下旬。春茶一芽二叶干样含茶多酚19.9%、儿茶素13.4%、氨基酸2.8%、咖啡碱4.6%，酚氨比7.1。也适制绿茶。抗性强。

（2）五峰大叶茶。产于五峰土家族自治县采花乡、长乐坪镇、渔洋关镇、水浕司村等。有性系。茶树灌木型。树姿半开张或直立，分枝较密。大叶，叶椭圆、长椭圆或披针形，叶色绿，叶身平或内折，叶面隆起。芽叶绿或黄绿色、多毛。产量较高。早生，一芽一叶盛期在3月下旬。春茶一芽二叶干样含茶多酚20.9%、氨基酸2.1%、咖啡碱3.2%，酚氨比10.0。制宜红工夫，采摘一芽二三叶，经萎凋、揉捻、发酵、干燥而成，品质特点是条索紧细，乌润披橙毫，汤色红亮，香气甜纯高长，滋味醇厚鲜滑。高档红茶有“冷后浑”现象。亦适制绿茶。抗性强。县茶叶局采用单株育种法从中选育出适制红茶、绿茶的省审定品种鄂茶7号。

70. 宁红工夫产自哪里？是什么品种制的？

宁红工夫简称宁红，也是最早的红茶之一。主产于江西省修水、武宁、铜鼓等县。修水、武宁古属宁州，所产茶故称宁红。修水产茶历史悠久，红茶始产于清道光年间，据《义宁州志》载，当时已生产红茶，光绪年间产量达到30万箱（每箱25千克）。

栽培品种主要是国家认定品种宁州群体种。有性系。茶树灌木型，树姿半开张，分枝密。中叶，叶色绿，叶椭圆形，叶身平或稍内折，叶面稍隆起，叶质较厚。芽叶黄绿色、茸毛较多。中生，一芽三叶盛期在4月中下旬。产量较高。春茶一芽二叶干样含茶多酚20.0%、儿茶素17.6%、氨基酸3.0%、咖啡碱4.6%，酚氨比6.7。品质特点是条索紧结圆直，色泽乌红光润，有“祁门香”，滋味醇厚甘滑。用一芽一叶制的“扎把龙须茶”，汤色红艳明亮有金圈，香气馥郁鲜爽，滋味甘醇爽口，品质更胜一筹。亦适制绿茶。抗性强。江西省蚕茶研究所采用单株育种法从中选育出适制红茶、绿茶的省审定品种赣茶1号。

71. 九曲红梅是哪里产的？是什么品种制的？

九曲红梅产于浙江省杭州市西湖区双浦镇的湖埠、张余、冯家、社井、仁桥等地。九曲红梅是植根于武夷山九曲的红茶，由迁徙到杭州周浦的武夷山农民传入红茶制法，并沿袭下来。品种是龙井群体种（见问题22）。采摘一芽二叶初展叶，经萎凋、揉捻、发酵、烘焙而成。因汤色、香气清如红梅，故名“九曲红梅”，滋味醇正，是1929年西湖博览会评选的十大名茶之一。

第五篇 乌龙茶品种

72. 乌龙茶为什么称为半发酵茶？它的“前红”“后绿”是怎么回事？

乌龙茶为半发酵茶，是我国特产茶类之一。最早于明末清初创制于福建武夷山，后扩展至闽南安溪、广东潮州以至台湾省。基本工艺是晒青（萎凋）、晾青、摇青、炒青（杀青）、揉捻、包揉（武夷山和潮汕条形乌龙茶不包揉）、干燥。其最大特点是做青工艺，就是摇青与晾青。这样乌龙茶的前半部分工艺类似于红茶，摇青会使叶片边缘部分破损，发生酶促氧化，产生红变。后半部分的炒青类似于绿茶杀青，高温将酶杀死，使叶片中间没有氧化的部分，保持绿色，这样便形成了乌龙茶特有的“绿腹红镶边”特征（图5-1）。做青还是乌龙茶香气形成的关键工艺。乌龙茶香气的主要成分是橙花叔醇之类的萜烯醇，萜烯醇在鲜叶中是以糖苷的形式存在的，当鲜叶经过晾青和摇青，叶片受到机械损伤后，在糖苷酶的作用下，萜烯醇类糖苷就进行分解，从而使萜烯醇变成游离态的橙花叔醇，产生浓郁的花香。

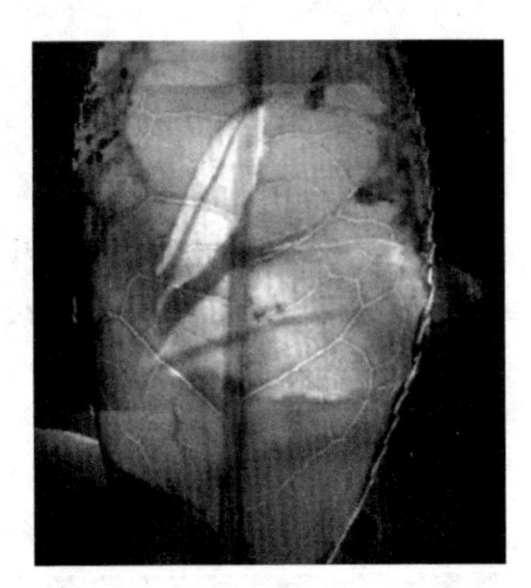

图5-1 绿腹红镶边

乌龙茶的采摘不同于其他茶类，标准是开面采，也就是采驻芽的三到四叶（台湾乌龙茶有带芽采）。一般春茶在谷雨到立夏采摘，暑茶在夏至前采摘，秋茶在立秋后采摘。采摘很注重天气情况，一般雨天不采，有露水不采，烈日不采。“武夷茶”农谚“凡茶之候视天时，最喜天晴北风吹。若遭阴雨风南来，色香顿减淡无味。”表明最有利于品质的是风和日丽天气，最好的采摘时间是上午9—11时和下午2—5时。各品种或名丛、单丛都单独加工。

全国乌龙茶按产地分有福建武夷茶区、福建闽南茶区、广东潮汕茶区和台湾茶区。共同特点是色泽砂绿、青褐、油润，汤色金黄或橙黄，香气馥郁持久，具花果香或蜜香，滋味鲜醇甘滑或浓爽回甘，叶底有红有绿。知名乌龙茶有铁观音、黄金桂、凤凰单丛、冻顶乌龙、东方美人茶等。2023年全国茶叶总产量333.95万吨（不包括台湾省），其中乌龙茶产量33.3万吨，占比10%。全国茶叶内销总量240.4万吨（不包括台湾省），乌龙茶占比10.7%，产量和销量均居第四位。

73. 乌龙茶品种为什么几乎都是无性系品种？新中国成立后育成的国家级乌龙茶新品种有哪些？

乌龙茶对品种的专一性要求最高，也就是说，只有相应的品种才能制出相应风格的乌龙茶。在四大乌龙茶产区中，除了凤凰水仙是群体种外，其余全是无性系品种，这是因为乌龙茶的品质个性非常突出，每个茶都有它的香气特征，如同为武夷岩茶的大红袍似桂花香，水仙似兰花香，肉桂似桂皮香，而这又主要取决于品种，也就是说，品种不同，香味就会不一样，因此，早期茶农在选种时，都是独株采制，鉴定品质，入选者也是单独繁殖，单独栽培。为了保证扩繁后代特征特性不发生变异，采用无性繁殖法，如短穗扦插、压条、分株等，久而久之就成了无性系品种。著名的武夷十大名丛以及水仙、肉桂、梅占、毛蟹、铁观音、黄棪、本山、大叶乌龙、软枝乌龙等都是这样培育成的。

新中国成立后先后育成的国家认定或审定或鉴定的乌龙茶新品

种共 15 个（不包括台湾省），其中有 1994 年国家审定的由福建省诏安县科学技术委员会育成的八仙茶，2002 年国家审定的由福建省农业科学院茶叶研究所育成的黄观音、悦茗香、金观音（茗科 1 号）、黄奇，2010 年国家鉴定的由福建省农业科学院茶叶研究所育成的丹桂、春兰、瑞香、金牡丹、黄玫瑰、紫牡丹，由广东省农业科学院茶叶研究所育成的鸿雁 1 号、鸿雁 7 号、鸿雁 9 号、鸿雁 12 号。

74. 为什么乌龙茶茶名与品种（名丛、单丛）名一样？

不论什么茶，茶名大都取自于产地地名、茶树品种名、茶叶形状、象形比喻、谐音等，但传统乌龙茶茶名几乎都与茶树品种名一样，如大红袍、水仙、肉桂、铁观音、毛蟹、梅占、乌龙、奇兰等，也就是说，品种名就是茶名，这可能与早期的品种选育有关。最早都是从菜茶群体种和凤凰群体种中选择单株，单独采制，单独鉴定，将优良单株扩繁成株系。为严格区分，防止混淆，就将某株系做的茶称为某茶。当然，随着选育工作的深入和种植范围的扩大，这些株系就被称为“品种”。以后在同一品种中又根据形态特征或香味特点分出更多的支系，如乌龙分大叶乌龙（高脚乌龙）、小叶乌龙（矮脚乌龙）、软枝乌龙（青心乌龙）、笠枝乌龙等；奇兰分竹叶奇兰、白叶奇兰、赤叶奇兰、金面奇兰、青心奇兰、慢奇兰等；铁观音按品质分红英、薄叶和白样；凤凰单丛根据香气特征分蜜兰香、玉兰香、黄枝香、芝兰香等十大单丛。但一些拼配的或中下档乌龙茶茶名就比较例外，如闽南色种茶，它是由佛手、毛蟹、本山、奇兰、梅占、桃仁、乌龙等品种混合采制的，茶名就不能单独取舍一个品种名。凤凰水仙按品质分单丛、浪菜、水仙三个级别，浪菜就是中等的凤凰水仙。

75. 武夷山乌龙茶为什么又称为武夷岩茶？武夷名丛为何多“花名”？

武夷山乌龙茶又称为武夷岩茶，主产区在慧苑岩、牛栏坑、大坑口、流香涧、悟源涧一带。茶树多生长在岩缝间，即使整块茶园也多处在坑洼峡谷之中，形成“岩岩有茶，非岩不茶”的景观。由于特殊的生态环境，如茶树受直射光少，多幽涧流泉滋润，再历经多年的自然选择，形成特殊的“岩骨花香”风格，故称岩茶。总体特征是色泽乌（绿）褐鲜润、带有蛙皮状小白点，汤色橙黄，叶底呈“绿叶红镶边”，香气馥郁幽雅，滋味醇厚回甘鲜滑，饮后有“味轻醍醐，香薄兰芷”之感，这就是所谓的“岩韵”。武夷岩茶是1959年全国十大名茶之一。

武夷山选种历史悠久，从菜茶群体种中选择单株，将品质优异的单株称为名丛。据《宣和北苑贡茶录》记载：“有一种茶，丛生石崖，枝叶尤茂……别号石乳”；《北苑拾遗》载：“能仁寺有茶树生石缝间”；郭柏苍的《闽产录异》道：“铁罗汉、坠柳条，皆宋树，又仅止一株，年产少许。”据姚月明统计，全武夷山有一千多个名丛花名。命名方式大体有以下几种：①以生长环境命名，如不见天、半天腰、岭上梅、水中仙、吊金钟等。②以叶形命名，如瓜子金、金柳条、倒叶柳等。③以叶色命名，如白吊兰、水红梅、绿蒂梅等。④以香气命名，如肉桂、白瑞香、石乳香、夜来香等。⑤以发芽早晚命名，如不知春、迎春柳等。⑥以神话传说等命名，如大红袍、水金龟、白牡丹等。由于名丛多，名字又要与武夷山风光相配，读来朗朗上口，所以名丛都起了“花名”，这不得不佩服命名者的丰富想象力。

76. 什么是名丛？武夷山有哪十大名丛？

名丛没有科学定义，通常将一株单独生长的茶树，单独采制，单独赋名，并自成系列，这株茶树就称为名丛。武夷山著名的十大名丛有大红袍、铁罗汉、白鸡冠、水金龟、半天腰、武夷白牡丹、武夷金桂、金锁匙、北斗、白瑞香。其中大红袍、铁罗汉、白鸡冠、水金龟最为名贵。现将十大名丛分述于下。

（1）大红袍。产于武夷山天心岩九龙窠悬崖。传说树高十丈，叶大如掌，生峭壁间，风吹叶坠，寺僧拾制为茶，能治百病。郑光祖撰《一斑禄杂述》载：“若闽地产红袍建旗，五十年来盛行于世。”大红袍名说法不一，一是明永乐帝游武夷山时偶得风寒，饮此茶得安宁，遂以红袍加身，故名；另一是天心岩寺僧说，该树以嫩叶紫红色而得名。

省审定品种。无性系。茶树灌木型，植株较矮，树姿半开张，分枝密。中偏小叶，叶色绿，叶椭圆形，叶身稍内折，叶面稍隆起，叶尖钝尖。芽叶绿带微紫红色、茸毛中等，节间短。晚生，一芽三叶盛期在 4 月下旬。产量中等。春茶一芽二叶干样含茶多酚 17.1%、氨基酸 5.0%、咖啡碱 3.5%、水浸出物 51.0%。抗性强。一般在 5 月上旬采制。品质特点是条索紧实，色泽绿褐润，香气馥郁芬芳似桂花香，滋味醇厚回甘，“岩韵”显，叶底软亮。抗寒、抗旱性均强。

（2）铁罗汉。产于武夷山慧苑岩之内鬼洞（亦名峰窠坑），相传宋代已有，为武夷名丛之最早。茶树灌木型，树姿半开张，分枝较密。中（偏小）叶，叶椭圆形，叶色深绿，叶身平，叶面稍隆起，叶尖钝尖。芽叶绿带微紫色、茸毛较少。中生，一芽三叶盛期在 4 月中旬。产量高。春茶一芽二叶干样含茶多酚 23.8%、氨基酸 2.9%、咖啡碱 3.7%。抗性强。品质特点是色泽绿褐润，香气浓郁幽长，滋味浓厚甘鲜，显“岩韵”。抗寒、抗旱性均强。

（3）白鸡冠。产于武夷山隐屏峰蝙蝠洞（慧苑岩火焰峰下外鬼洞有同名白鸡冠），相传产于明代。茶树灌木型，树姿半开张，分枝较密。中叶，叶长椭圆形，叶色黄绿，叶身内折，叶面稍隆起，叶缘波，叶尖钝尖，叶质较厚脆。芽叶黄泛白色、茸毛少，节间短。春梢顶芽微弯似鸡冠，故名。晚生，一芽三叶盛期在 4 月下旬。产量中等。春茶一芽二叶干样含茶多酚 22.6%、氨基酸 3.5%、咖啡碱 2.9%。抗性强。品质特点是色泽黄褐，香气高爽似橘皮香，滋味浓醇甘鲜。抗寒、抗旱性均强。

（4）水金龟。产于武夷山牛栏坑杜葛寨峰下半崖，相传清末已有。茶树灌木型，树姿半开张，分枝较密。中偏小叶，叶长椭圆

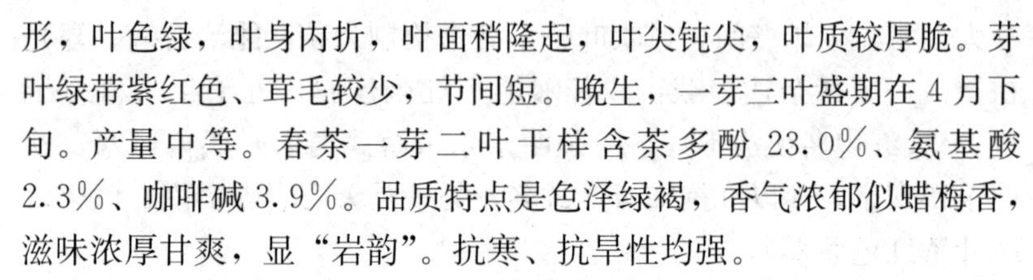

形，叶色绿，叶身内折，叶面稍隆起，叶尖钝尖，叶质较厚脆。芽叶绿带紫红色、茸毛较少，节间短。晚生，一芽三叶盛期在4月下旬。产量中等。春茶一芽二叶干样含茶多酚23.0%、氨基酸2.3%、咖啡碱3.9%。品质特点是色泽绿褐，香气浓郁似蜡梅香，滋味浓厚甘爽，显“岩韵”。抗寒、抗旱性均强。

（5）半天腰。又名半天妖。产于武夷山三花峰之第三峰，相传清末已有。茶树灌木型，树姿半开张，分枝密。中叶，叶长椭圆形，叶色深绿，叶身稍内折，叶面稍隆起，叶缘平，叶尖钝尖，叶质较厚。芽叶紫红色、茸毛较少，节间较短。晚生，一芽三叶盛期在4月下旬。产量较高。春茶一芽二叶干样含茶多酚22.9%、氨基酸3.6%、咖啡碱3.7%。品质特点是色泽绿褐润，香气馥郁似蜜香，滋味浓厚回甘，显“岩韵”。抗寒、抗旱性均强。

（6）武夷白牡丹。产于武夷山马头岩水洞口，已有近百年栽培史。茶树灌木型，植株较高大，树姿半开张，分枝密。中叶，叶长椭圆形，叶色绿，有光泽，叶身稍内折，叶面稍隆起，叶尖渐尖，叶质较厚脆。芽叶绿带紫红色、茸毛较少，节间较短。晚生，一芽三叶盛期在4月下旬。产量较高。春茶一芽二叶干样含茶多酚22.4%、氨基酸2.5%、咖啡碱4.4%。品质特点是色泽黄绿褐润，香气浓郁似兰花香，滋味醇厚甘爽。抗寒、抗旱性均强。

（7）武夷金桂。产于武夷山白岩莲花峰，已有近百年栽培史。茶树灌木型，树姿半开张，分枝较稀。中叶，叶卵圆形，叶色绿，有光泽，叶身平稍背卷，叶面隆起，叶缘平，叶尖钝尖，叶质较厚脆。芽叶较肥壮、绿带紫红色、茸毛较少。晚生，一芽三叶盛期在4月下旬。产量中等，春茶一芽二叶干样含茶多酚20.5%、氨基酸4.7%、咖啡碱3.5%。品质特点是色泽绿褐润，香气浓郁似桂花香，滋味醇厚甘爽。抗寒、抗旱性均强。

（8）金锁匙。产于武夷山宫山前村（弥陀岩等多处有同名金锁匙），已有近百年栽培史。茶树灌木型，植株较高大，树姿半开张，分枝密。中叶，叶椭圆形，叶色绿、有光泽，叶身平，叶面稍隆起，叶缘平，叶尖钝尖，叶质较厚脆。芽叶黄绿色、茸毛少，节间较短。中生，一芽三叶盛期在 4 月中旬。产量高。春茶一芽二叶干样含茶多酚 24.3%、氨基酸 2.4%、咖啡碱 3.6%。品质特点是色泽绿褐润，香气高锐，滋味醇厚回甘，显“岩韵”。抗寒、抗旱性均强。

(9) 北斗。产于武夷山北斗峰，已有 70 多年栽培史。茶树灌木型，植株较高大，树姿半开张，分枝较密。中叶，叶椭圆形，叶色绿、有光泽，叶身稍背卷，叶面稍隆起，叶缘平，叶尖渐尖，叶质较厚软。芽叶绿带紫红色、茸毛少，节间较短。中生，一芽三叶盛期在 4 月中旬。产量高。春茶一芽二叶干样含茶多酚 24.2%、氨基酸 2.3%、咖啡碱 3.8%。品质特点是色泽绿褐润，香气浓郁鲜爽，滋味浓厚回甘，显“岩韵”。抗寒、抗旱性均强。

(10) 白瑞香。产于武夷山慧苑岩，已有百年栽培史。茶树灌木型，植株较高大，树姿半开张，分枝较密。中叶，叶椭圆形，叶色绿、有光泽，叶身平，叶面平，叶缘平，叶尖钝尖，叶质较厚脆。芽叶黄绿带微紫红色、茸毛较少，节间较短。中生，一芽三叶盛期在 4 月中旬。产量高。春茶一芽二叶干样含茶多酚 16.7%、氨基酸 4.7%、咖啡碱 3.4%。品质特点是色泽黄绿褐润，香气高久，滋味浓厚似粽叶味，显“岩韵”。抗寒、抗旱性均强。

77. 肉桂乌龙有肉桂香吗?

肉桂又名玉桂。产于武夷山马振峰 (慧苑岩有同名肉桂)，已有百年栽培史。省审定品种。无性系。茶树灌木型，树姿半开张，分枝密，叶片呈水平状着生。中叶，叶长椭圆形，叶色深绿，叶身内折，叶面平，叶缘平，叶尖钝尖，叶质较厚脆。芽叶绿紫色、茸毛少。晚生，一芽二叶盛期在 4 月中旬。产量高。春茶一芽二叶干样含茶多酚 17.7%、氨基酸 3.8%、咖啡碱 3.1%、水浸出物 52.3%，酚氨比 4.7。制乌龙茶，条索肥壮，色泽乌润砂绿，香气浓郁似桂皮香或乳香，滋味醇厚甘爽，显“岩韵”。抗寒、抗旱性均强。

78. 水仙既是花名、茶名，又是品种名，全国水仙茶树品种有哪些？

福建和广东两省都有水仙品种，多半以地名作前缀，如闽北有武夷水仙、建瓯水仙、建阳水仙，统称闽北水仙；闽南有漳州水仙、漳平水仙、永春水仙，统称闽南水仙；潮汕有饶平水仙、梅州水仙、平远水仙，统称广东水仙。现各取1个代表品种介绍于下。

（1）福建水仙。又名武夷水仙、水吉水仙。产于福建省南平市建阳区水吉镇，有百余年栽培史。国家认定品种。无性系。茶树小乔木型，树姿半开张，分枝稀。大叶，叶椭圆形，叶色深绿、富光泽，叶身平，叶面平，叶革质。芽叶肥壮、淡绿色、茸毛多，节间长，持嫩性强。晚生，春茶一芽二叶初展期在3月下旬到4月上旬。产量较高。春茶一芽二叶干样含茶多酚17.6%、氨基酸3.3%、咖啡碱4.0%、水浸出物50.5%，酚氨比5.3。立夏前后采制，“中开面”时采对夹三四叶。制的水仙乌龙，条索稍弯曲，色泽油润砂绿，近似蛙皮色，汤色清澈金黄，香气高长似兰花香，滋味浓醇甘爽，叶底软亮呈“青底红边”。亦适制白毫银针、白牡丹白茶。抗寒、抗旱性均较强。

（2）漳州水仙。产于福建省漳州市。无性系。茶树小乔木型，树姿半开张。大叶，叶长椭圆形，叶色深绿、富光泽，叶身平，叶面平，叶革质。芽叶肥壮、绿色、茸毛中等。产量较高。中生。春茶一芽二叶干样含茶多酚17.0%、氨基酸2.3%、咖啡碱3.8%，酚氨比7.4。立夏前采对夹三四叶。品质特点是条索肥壮稍卷曲，色泽砂绿油润间黄，汤色金黄明亮，香气高长似兰花香，滋味醇厚甘滑，叶底肥软红边。

（3）凤凰水仙。又名饶平水仙、广东水仙、大乌叶、大白叶。产于广东省潮州市潮安区凤凰山，丰顺、饶平、蕉岭、平远等县亦有分布，相传南宋时已有种植。国家认定品种。有性系。茶树小乔木型，树姿直立或半开张，分枝较密。大叶（偏中），叶长椭圆或椭圆形，叶色绿或黄绿，叶身平或稍内折，叶面平或稍隆起，叶尖渐尖，叶革质。芽叶黄绿或微紫红色、茸毛少。早生，一芽三叶盛期在 3 月下旬至 4 月初，产量高。春茶一芽二叶干样含茶多酚 19.4%、儿茶素 10.3%、氨基酸 3.2%、咖啡碱 4.1%，酚氨比 6.1。所制凤凰水仙乌龙茶，汤色金黄，香气高锐，滋味浓郁甘醇。制英红红茶，香味浓爽，茶汤显“冷后浑”。抗性强。潮州市饶平县岭头村农民与市县科技人员合作从凤凰水仙群体种中采用单株选育法育成兼制乌龙茶、红茶、绿茶的国家审定品种岭头单丛（见问题 85）；广东省农业科学院茶叶研究所从凤凰水仙群体种中采用单株选育法育成适制乌龙茶、红茶和绿茶的黑叶水仙、黄叶水仙 2 个省审定品种。

79. 为什么闽南乌龙茶品种最多？

以安溪、漳州为中心的福建省南部是我国乌龙茶重点产区之一。闽南产茶历史悠久，据明嘉靖《安溪县志》记：“安溪茶产常乐、崇善等里……”清康熙四十五年王梓《茶说》中已有安溪产乌龙茶的记载，表明有三百多年历史。安溪规模栽培的品种就有 30 多个，1985 年国家一次认定的品种就有 6 个，故不论是品种数还是国家认定数都是全国县域范围内最多的。一些品种如大叶乌龙、软枝乌龙等以及制茶工艺也是最早从这里传播到台湾的，对台湾省的乌龙茶产业有着深远的影响。闽南著名的传统品种有铁观音、黄棪、梅占、毛蟹、本山、大叶乌龙、佛手、奇兰，新育成品种有八仙茶、金观音、黄观音、悦茗香、黄奇、丹桂、春兰、瑞香、金牡丹、紫牡丹、黄玫瑰、白芽奇兰等。

80. 铁观音是用什么品种制的？什么是“观音韵”？

铁观音既是茶名又是品种名。品种名又称魏饮种、红心观音、红样观音等，产于安溪县西坪镇尧阳村。其名尚有轶闻，相传清乾隆年间有一名叫魏饮的老农，笃信佛教，每日以茶供奉观音。一日在崖岩缝间见一茶树，叶质肥厚，叶面光亮，与常茶不同，便挖回精心栽培。用其叶制茶，重如铁，香韵非凡，疑似观音所赐，遂取名“铁观音”，又因魏饮所培植，后人又称“魏饮种”。

国家认定品种。无性系。茶树灌木型，树姿开张，分枝较稀，叶片呈水平状着生。中叶，叶椭圆形，叶色深绿，叶身平，叶面稍隆起，叶缘波，叶尖渐尖，叶质较厚脆。芽叶绿稍紫红色、茸毛较少。晚（偏中）生，一芽二叶初展在3月下旬到4月初。产量较高。春茶一芽二叶干样含茶多酚17.4%、氨基酸4.7%、咖啡碱3.7%、水浸出物51.0%。“小至中开面”时采对夹三四叶。品质特点是条索圆紧重实，色泽乌润砂绿，香气馥郁幽长似兰花香，滋味醇厚回甘，俗称“观音韵”，有“七泡有余香”之说。铁观音为1959年全国十大名茶之一。2022年5月20日，“安溪铁观音茶文化系统”被联合国粮食及农业组织（FAO）正式认定为全球重要农业文化遗产（GIAHS）。抗寒、抗旱性较强，适应性中等。广东、广西、台湾等地有引种栽培。

81. 黄棪与黄金桂哪个是品种名，哪个是茶名？

黄金桂亦是闽南传统优质乌龙茶之一，坊间有“未尝清甘味，先闻透天香”之说，足见其品质非同寻常。我国制茶学先驱陈椽有诗赞：“铁观音称王，黄金桂称霸。”用来制黄金桂的品种叫黄棪（黄旦），也有把品种与茶名混为一谈统称黄金桂的。黄棪产于安溪县虎邱镇美庄。国家认定品种。无性系。茶树小乔木型，植株中等，树姿较直立，分枝较密，叶片稍上斜状着生。叶椭圆或倒披针形，叶色稍黄绿，叶身稍内折，叶面稍隆起，叶尖渐尖，叶质较薄软。芽叶黄绿色、茸毛较少。早生，春茶一芽二叶初展在3月上中旬。产量高。春茶一芽二叶干样含茶多酚16.2%、氨基酸3.5%、咖啡碱3.6%、水浸出物48.0%，酚氨比4.6。“小至中开面”时采对夹二四叶。品质特点是外形卷曲紧结，色泽黄绿油润，汤色金黄明亮，香气馥郁似桂花香（故称黄金桂），滋味清醇鲜爽，叶底中黄边红。亦适制优质红茶、绿茶。抗寒、抗旱性和适应性均强。广东、江西、湖北、四川等地有较大面积引种栽培。

82. 梅占是高香型乌龙茶品种，它的最显著特征是什么？

梅占产于安溪县芦田镇三洋村，有百余年栽培史。国家认定品种。无性系。茶树小乔木型，树姿直立，分枝密度中等，叶片稍上斜状着生。中叶，叶长椭圆形，叶色深绿、富光泽，叶面平，叶片最显著的特征是叶身强内折，叶尖钝尖，叶脉隐现。芽叶绿色、茸毛较少，节间长3～6厘米。中偏晚生，春茶一芽二叶初展期在3月下旬到4月初。产量高。春茶一芽二叶干样含茶多酚16.5%、氨基酸4.1%、咖啡碱3.9%、水浸出物51.7%，酚氨比4.0。品质特点是身骨重实，花香浓郁，滋味独特。制红茶有兰花香，味厚实；制绿茶，香气高锐，滋味醇厚。耐寒性、耐旱性均强。广东、广西、台湾、江西、湖南等地有引种栽培。

83. 佛手是雪梨香品种，其名出何处？

佛手又名雪梨、香橼种。有红芽佛手与绿芽佛手之分。产于安溪县虎邱镇金榜村骑虎岩，有百余年栽培史。永春县达埔镇狮峰岩还有80多株1704年种植的老树。省审定品种。无性系。茶树灌木型，树姿开张（绿芽佛手半开张），分枝稀，叶片呈水平或下垂状着生。大叶，叶卵圆形，叶色黄绿或绿，叶身稍扭曲背卷（绿芽佛手稍内折），叶面强隆起，叶尖钝尖或圆尖，叶齿钝、稀、浅，叶质厚软，因叶形与香橼（芸香科）相似，故名佛手。芽叶绿带紫红色（绿芽佛手为淡绿色）、茸毛较少、肥壮。中生。一芽二叶期在3月下旬至4月初。产量高。春茶一芽二叶干样含茶多酚16.2%、氨基酸3.1%、咖啡碱3.1%、水浸出物49.0%，酚氨比5.2。制乌龙茶，条索肥壮重实，色泽褐黄绿润，香气清高幽长，似雪梨香，味浓醇甘鲜。制红茶，香气高锐，味鲜醇甘滑。耐寒性、耐旱

性较强。广东、江西、湖南、浙江、台湾等地有引种栽培。

84 金观音是铁观音与黄棪的杂交种，它的杂种优势体现在哪里？

图 5－2　金观音

金观音又名茗科 1 号（图 5－2）。由福建省农业科学院茶叶研究所从铁观音和黄棪人工杂交 F_1 代中采用单株育种法育成。国家审定品种。无性系。茶树灌木型，树姿半开张，分枝较密，叶片水平状着生。中叶，叶椭圆形，叶色深绿，叶身平，叶面隆起，叶尖渐尖。芽叶绿带紫红色、茸毛少。早生，一芽二叶期在 3 月上中旬。产量高。春茶一芽二叶干样含茶多酚 19.0%、氨基酸 4.4%、咖啡碱 3.8%、水浸出物 45.6%，酚氨比 3.8。制乌龙茶，香气馥郁幽长，滋味鲜醇回甘，既有铁观音的韵味，又有黄棪的花香，双亲优点兼有。亦适制高香绿茶。抗寒性和适应性强。广东、湖南、四川、贵州、重庆、浙江等地有较大面积引种栽培。

85 岭头单丛是从哪里来的？有什么特点？

岭头单丛又名白叶单丛、铺埔单丛，由广东省潮州市饶平县岭头村农民与市县科技人员合作从凤凰水仙群体种中采用单株选育法育成。国家审定品种。无性系。茶树小乔木型，植株较高大，树姿半开张，分枝中等。中叶，叶长椭圆形，叶色黄绿、富光泽，叶身内折，叶面平，叶齿钝浅，叶质较厚软。芽叶黄绿色、茸毛少。早生，一芽三叶期在 3 月中下旬。产量高。春茶一芽二叶干样含茶多酚 22.4%、氨基酸 3.9%、咖啡碱 2.7%、水浸出物 56.7%，酚氨比 5.7。制乌龙茶在“小至中开面”采摘。品质特点是条索紧直，色泽黄褐油润，花蜜香浓郁持久，滋味醇爽回甘显蜜露，俗称“微花浓密”。亦适制红茶、绿茶，味浓香高。抗寒性和适应性较强。广东、福建有大面积栽培，广西、湖南等地有引种。

86. 鸿雁9号是怎样育成的？乌龙茶有什么特点？

鸿雁 9 号由广东省农业科学院茶叶研究所从八仙茶有性后代中采用单株选育法育成。国家鉴定品种。无性系。茶树小乔木型，植株高大，树姿开张，分枝中等。中叶，叶长椭圆形，叶色深绿，叶身平，叶面隆起，叶质较脆。芽叶淡绿色、茸毛中等。早生，一芽三叶期在 3 月中旬。产量高。春茶一芽二叶干样含茶多酚 23.4%、氨基酸 2.3%、咖啡碱 3.0%、水浸出物 54.3%，酚氨比 10.2。制乌龙茶在“小至中开面”采摘。品质特点是花香浓郁持久，滋味浓爽甘滑。制绿茶，花香持久，滋味浓醇。抗性较强。广东有大面积栽培，福建、广西、湖南等地有引种。同时育成的同胞系品种鸿雁 7 号也是国家鉴定品种。

87. 什么是单丛？凤凰十大单丛是哪些？

与名丛一样，单丛也没有科学定义。凤凰单丛是从凤凰水仙群体种中选择的优异单株，单独采制，单独赋名而成。凤凰单丛为历史名茶，创始于明代，主产于潮安区凤凰镇乌岽山。“小至中开面”时采摘一芽二三叶。单丛茶总体特征是外形肥硕稍弯曲，色泽鳝褐油润，花香浓郁高锐，滋味醇厚甘爽，具特殊的“山韵”味。根据香气特征或茶树形态分为宋种东方红单丛、凤凰黄枝香单丛、芝兰香单丛、宋种蜜兰香单丛、八仙过海单丛、姜花香单丛、蛤古捞单丛、玉兰香单丛、肉桂香单丛、桂花香单丛，即著名的“凤凰十大单丛”。单丛均是无性繁殖。现逐一简介如下。

（1）宋种东方红单丛。相传南宋末年，宋帝赵昺为躲避元兵追

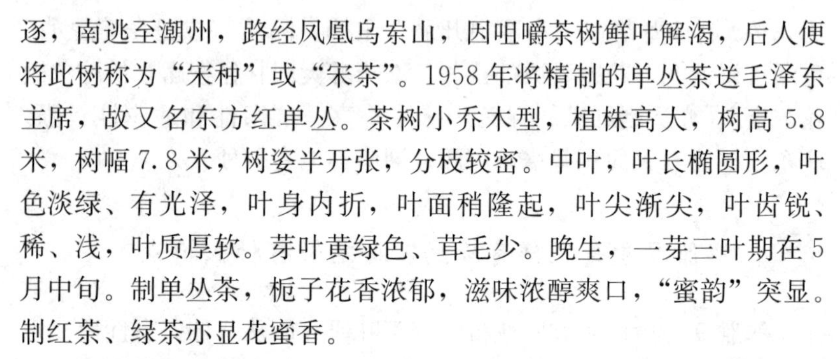

逐，南逃至潮州，路经凤凰乌岽山，因咀嚼茶树鲜叶解渴，后人便将此树称为“宋种”或“宋茶”。1958年将精制的单丛茶送毛泽东主席，故又名东方红单丛。茶树小乔木型，植株高大，树高5.8米，树幅7.8米，树姿半开张，分枝较密。中叶，叶长椭圆形，叶色淡绿、有光泽，叶身内折，叶面稍隆起，叶尖渐尖，叶齿锐、稀、浅，叶质厚软。芽叶黄绿色、茸毛少。晚生，一芽三叶期在5月中旬。制单丛茶，栀子花香浓郁，滋味浓醇爽口，“蜜韵”突显。制红茶、绿茶亦显花蜜香。

（2）凤凰黄枝香单丛。已有二百多年栽培史。茶树小乔木型，植株高大，树姿半开张，分枝中等。中叶，叶长椭圆形，叶色黄绿、有光泽，叶身内折，叶面平，叶尖渐尖，叶齿钝、稀、浅，叶质厚软。芽叶浅黄绿色、茸毛少。早生，一芽三叶期在4月中下旬。制单丛茶，蜜香浓郁持久，滋味浓醇甘爽。制红茶、绿茶亦突显花蜜香。

（3）芝兰香单丛。相传是宋代遗存的两株老丛。茶树小乔木型，植株高大，其中一株树高5.9米，树幅7.9米，树姿较直立，分枝较密，叶片上斜状着生。中叶，叶长椭圆或略倒卵圆形，叶色黄绿，叶身内折，叶面平，叶尖渐尖，叶齿锐、稀，叶质中等。芽叶黄绿色、茸毛少。中生，一芽三叶期在5月上旬。制单丛茶，有细腻的芝兰花香，滋味醇厚鲜爽回甘。制红茶、绿茶亦显芝兰香。

（4）宋种蜜兰香单丛。又名红薯香单丛。相传种于南宋末期。茶树小乔木型，植株高大，树姿半开张，分枝中等。中叶，叶长椭圆形，叶色淡绿、有光泽，叶身内折，叶面平，叶尖渐尖，叶齿钝、浅，叶质厚软。芽叶黄绿色、茸毛少。中生，一芽三叶期在5月上旬。制单丛茶，蜜香高锐持久，薯蜜味浓醇爽口。制红茶、绿茶，“蜜韵”突显。

（5）八仙过海单丛。相传是宋代留传的一株老丛，经压条繁殖成8株茶树，故名八仙过海单丛。茶树小乔木型，植株高大，其中一株树高7米，树幅8米。树姿半开张，分枝密。中叶，叶长椭圆形，叶色深绿、有光泽，叶身背卷，叶面稍隆起，叶尖向叶背弯卷，叶齿锐、密、浅，叶质稍厚脆。芽叶黄绿色、茸毛少。中偏晚生，一芽三叶期在5月上中旬。品质特点是显白玉兰花香，蜜味鲜浓回甘。

（6）姜花香单丛。相传种植于明代。因有姜花香气而得名，其香气“冲天”，故又称通天香单丛。茶树小乔木型，植株高大，树姿开张，分枝中等。中叶，叶长椭圆形，叶色深绿，叶身平，叶面稍隆起，叶尖渐尖，叶质较厚脆。芽叶淡绿色、茸毛少。早生，一芽三叶期在4月下旬。品质特点是花香馥郁持久，滋味浓醇爽口甘滑，有“姜花特韵”。

（7）蛤古捞单丛。因树形得名。茶树小乔木型，植株高大，树姿开张，分枝中等。中叶，叶长椭圆形，叶色浅绿、富光泽，叶身稍内折，叶面隆起，叶尖渐尖，叶缘背卷，叶齿锐、稀、浅，叶质中等。芽叶黄绿色、茸毛少。早生，一芽三叶期在4月中旬。品质特点是花蜜香浓郁持久，滋味浓醇甘爽。

（8）玉兰香单丛。已有二百多年栽培史。茶树小乔木型，树姿半开张，树高6.3米，树幅7.1米。中叶，叶长椭圆形，叶色绿、有光泽，叶身稍内折，叶面稍隆起，叶尖渐尖，叶齿锐、稀、浅，叶质较软。芽叶黄绿色、茸毛少。早生，一芽三叶期在4月下旬。品质特点是玉兰花香清幽高雅，滋味醇厚鲜爽。

（9）肉桂香单丛。已有一百多年栽培史。茶树小乔木型，植株高大，树姿半开张，分枝中等，枝条呈弯曲状。中叶，叶椭圆形，叶色深绿，叶身稍内折，叶面稍隆起，叶尖渐尖，叶齿锐、密、浅，叶质厚软。芽叶淡绿色、茸毛少。早生，一芽三叶期在4月中下旬。品质特点是蜜香浓郁似肉桂味，滋味醇厚甘滑。

（10）桂花香单丛。已有三百多年栽培史。茶树小乔木型，植株高大，树姿半开张，分枝中等，叶片上斜状着生。大叶，叶椭圆形，叶色黄绿，叶身内折，叶面平，叶缘平，叶质厚软。芽叶淡黄绿色、茸毛少。特早生，一芽三叶期在4月上中旬。品质特点是显清幽桂花香，滋味浓醇爽口隽永。

88. 台湾省有哪些乌龙茶品种?

台湾栽培品种除了青心乌龙、四季春、武夷种、佛手、水仙、白毛猴、青心大冇、红心大冇、硬枝红心、红心乌龙、黄心乌龙、铁观音、大叶乌龙等传统品种外，20 世纪 60～70 年代到 21 世纪初，台湾省茶业改良场先后育成乌龙茶品种 12 个，其中以台茶 12 号、台茶 13 号、台茶 14 号、台茶 15 号品质较优，栽培最多。现选择 4 个品种介绍于下。

（1）青心乌龙。又名软枝、种籽、种茶，原产于福建省安溪县蓝田。清朝时，林凤池（台湾南投县鹿谷乡初乡村人）从福建带回青心乌龙茶苗分发乡里，由此发展至全岛。19 世纪末，因茶枯病暴发，几近毁灭，由时任台湾省茶业改良场场长的吴振铎扩繁后再次发展，是目前台湾栽培最广泛的品种之一。无性系。茶树灌木型，树姿开张，分枝密，枝条细软，叶片上斜状着生。小叶，叶长椭圆形，叶色深绿，叶身内折，叶面平，叶尖锐尖，叶质较硬脆。芽叶绿稍紫色、茸毛较少。中生，开采期在 4 月中旬。春茶一芽二叶干样含儿茶素 16.4%、氨基酸 1.3%。制乌龙茶，香气高锐持久，滋味醇厚甘爽，是制冻顶乌龙、文山包种茶、阿里山珠露茶的主要品种。亦适制绿茶。抗寒、抗旱性均强。

（2）青心大冇。由台湾省文山农民从文山群体种中采用单株育种法育成。无性系。茶树灌木型，树姿开张，分枝中等，枝条呈弯曲状，叶片上斜状着生。小叶，叶长椭圆形，叶色绿、少光泽，叶身平，叶面平，叶尖钝尖，叶缘波，叶脉不明显，叶齿锐、密，叶质硬脆。芽叶肥壮、深绿带紫红色、茸毛中等。中生，一芽三叶期在 3 月下旬。产量较低。春茶一芽二叶干样含茶多酚 16.1%、氨基酸 1.3%、咖啡碱 2.3%。制乌龙茶，香气独特，滋味浓厚，是制白毫乌龙（东方美人茶）的主要品种。亦适制红茶、绿茶。抗寒性强、抗旱性弱。

（3）台茶 12 号。又名金萱（图 5－3）。由台湾省茶业改良场用台农8号与硬枝红心人工杂交而成。无性系。茶树灌木型，树姿开张，分枝密。中叶，叶近椭圆形，叶色淡绿、有光泽，叶身稍内折，叶面稍隆起，叶尖钝尖，叶缘波，叶齿密，叶质厚。芽叶绿稍紫色、茸毛短密，节间短，嫩叶背面有毛。中偏早生，开采期在4月中旬。产量中等。春茶一芽二叶干样含茶多酚17.8%、氨基酸2.6%。制乌龙茶，香气高雅似玉兰香或奶油香，滋味浓厚甘醇。抗性和适应性均强。

图5-3 台茶12号（金萱）

（4）台茶13号。又名翠玉。由台湾省茶业改良场用硬枝红心与台农80号人工杂交而成。无性系。茶树灌木型，树姿较直立，分枝较稀，叶片上斜状着生。中叶，叶近阔椭圆形，叶色浓绿稍暗，叶身内折，叶面隆起，叶尖钝尖，叶齿稀、钝，叶质厚。芽叶深绿带紫色、茸毛中等。早生，开采期在4月上旬。产量中等。春茶一芽二叶干样含茶多酚15.6%、氨基酸3.1%。品质特点是有独特的高雅清香，滋味甘醇。抗性和适应性均强。

89. 冻顶乌龙是台湾知名高香乌龙茶，是什么品种制的？

冻顶乌龙主产于台湾省南投县鹿谷乡凤凰山冻顶山。主栽品种是青心乌龙（见问题88）。4月中旬采摘一芽二三叶和对夹二叶。采用清香型工艺加工，品质特点是条索紧结，卷曲成球，墨绿鲜润，汤色蜜黄清澈，香气清香持久，滋味浓醇甘爽，叶底红边淡绿。

90. 白毫乌龙为什么又称为碰风茶或东方美人茶？

白毫乌龙是重发酵乌龙茶（图5-4），产于台湾省新竹、苗栗

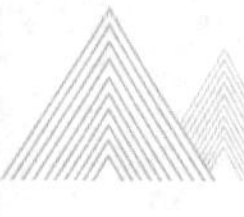

县，用青心大冇品种一芽一二叶加工。白毫乌龙之所以又称为碰风茶、东方美人茶，有其来历。原来，芒种到大暑期间高温多湿，茶芽最易受小绿叶蝉危害。被害芽叶残缺破损，用此加工的乌龙茶外形和色泽很差，品相不好。茶农抱着卖多卖少总比“颗粒无收”好的心理到市场试销，结果因香味独特，受到消费者喜欢，产品很快卖空。原本是想碰碰运气的，结果歪打正着，所以取名碰风茶。20世纪30～40年代，英国王室喝到这种东方产的茶叶赞不绝口，联想起东方女子穿着旗袍的婀娜多姿，遂称作“东方美人茶”。据测定，遭小绿叶蝉危害后芽梢释放出的化合物2，6-二甲基-3，7-辛二烯-2，6-二醇，加工时会产生特殊的香气，也使干茶色泽呈红、黄、白、青、褐五色相间，集花香、果香、蜜香于一体，滋味醇厚回甘，汤色橙红明亮呈琥珀色，在众多乌龙茶中别具一格。

图5-4　白毫乌龙（东方美人茶）

第六篇　白茶品种

91. 白茶是什么茶？白茶与白叶茶是不是一回事？

白茶因外形满披白毫而得名，是产量最少的茶类之一。2023年全国茶叶总产量333.95万吨（不包括台湾省），其中白茶产量10万吨，占比3.0%。全国茶叶内销总量240.4万吨（不包括台湾省），白茶占比3.4%，产量和销量均居第五位。白茶外销东南亚、欧美国家和中近东地区。

据推测，白茶很可能是人类最早制的茶，因制作方法最简单，只要将采割枝叶晾干就成。但真正作为白茶茶类则很晚，据史料，清嘉庆1796年，福建福鼎茶农用菜茶群体种单芽制作银针。据郭柏苍《闽产录异》记载，如莲心白毫采摘一芽一叶阴干而成，即是白毫银针的早期制法。1885年后用福鼎大白茶等多毫品种制银针。1922年建阳水吉镇农民用福建水仙创制了白牡丹。此后，福鼎、福安、政和、松溪、建阳、建瓯等相继制作白茶。近年来，云南、广西、广东、湖南等地用芽叶粗壮多毫的品种制作白茶，如云南用景谷大白茶品种等制月光白。不过，传统白茶主要还是用福鼎大白茶、福鼎大毫茶、政和大白茶、福建水仙等芽壮多毛的品种采制。芽叶嫩度不同，白茶品类亦不一样，如用单芽制的称为白毫银针（图6-1），特点是银白如针，汤色杏黄，香气清鲜，显毫香，滋味鲜纯甘爽，叶底嫩绿，脉梗微红。通常，产于福鼎等地的称为“北路银针”，产于政和等地的称为“西路银针”。用一芽一二叶制的称为白牡丹，特点是芽叶连枝，绿面白底，叶张灰绿，毫心肥壮，嫩香显露，汤色杏黄，滋味鲜醇，叶底浅灰，叶脉微红。用一芽二三叶制的贡眉，芽叶连枝，灰绿或墨绿色，香气纯正，滋味清醇甘爽。用一芽二三叶和同等嫩度对夹叶或“抽针”后的单片制的寿眉，品质均逊于银针和白牡丹。

图 6-1 白毫银针

传统白茶属于微发酵茶，不杀青、不揉捻，只有萎凋、烘焙两个工序，酶的活性没有破坏，有后续的氧化作用，所以刚制成的白茶保留有较多的氨基酸、茶多酚、维生素等物质，口感清鲜甘爽无苦涩味。随着时间的延长，多酚类物质氧化，氨基酸等降解，干茶和汤色渐变为深褐和橙黄，夹有陈香气，滋味醇和甘滑。

白叶茶是温度敏感型或光照敏感型自然突变体，如白叶 1 号(见问题 25)、白叶 2 号、云峰 15 号等，春茶叶白脉绿，多采摘一芽一二叶，采用绿茶工艺加工，成品茶都属于绿茶类。

92. 福鼎大白茶是传统白茶的最适制品种吗？

福鼎大白茶是最早、最适制白茶的品种之一，福建白茶产区将其排在第一位。不同嫩度的鲜叶可加工银针、白牡丹、贡眉、寿眉。用单芽制的白毫银针，色白如银，汤色杏黄带浅绿色，毫香清纯，滋味甘爽，叶底匀齐明亮。品种性状见问题 56。

93. 福鼎大毫茶与福鼎大白茶是不是同一个品种？制白茶有什么特点？

福鼎大毫茶又名大毫，与福鼎大白茶产地邻近，又仅一字之差，但为不同品种。产于福建省福鼎市点头镇，已有一百多年栽培史。国家认定品种。无性系。茶树小乔木型，主干较明显，树姿半开张，分枝较密，叶片呈水平或下垂状着生。大叶，叶椭圆形，叶色深绿、有光泽，叶面隆起，叶身平或稍内折，叶尖渐尖，叶齿锐、浅、密，叶质厚脆。芽叶黄绿肥壮、茸毛特多，持嫩性强。早生，一芽二叶期在 3 月下旬到 4 月初。产量高。春茶一芽二叶干样含茶多酚 17.3%、氨基酸 5.3%、咖啡碱 3.2%、水浸出物 47.2%，酚氨比 3.3。适制白毫银针、白牡丹、绿雪芽等白茶。制银针，芽锋挺直，白毫密披，香清味醇。亦适制毛峰、毛尖绿茶和白琳工夫红茶。耐寒性、耐旱性和适应性均强。多个省市有引种栽培。

94. 政和大白茶制白茶有什么特色?

政和大白茶芽叶肥壮，茸毛特多，用单芽制的白毫银针又称西路银针，与福鼎大白茶制的北路银针遥相辉映。芽叶黄绿微紫色，干茶色泽外白内褐，汤色橙黄，香气清醇，滋味甘醇，叶底肥嫩明亮，别具特色。品种性状见问题 67。

95. 汝城白毛茶能制白茶吗? 有哪些特点?

汝城白毛茶产于湖南省汝城县三江口瑶族镇一带，是当地主栽品种。据《汝城县志》记："茶，又土名木子树，西山、九龙、后溪出茗荈。"有性系。茶树小乔木型，树姿直立，分枝较稀。大叶，叶长椭圆或椭圆形，叶色绿稍黄，叶身稍内折，叶面稍隆起，叶尖尾尖，叶革质，叶背有茸毛。芽叶黄绿色、茸毛特多。中生。春茶一芽二叶干样含茶多酚 21.0%、氨基酸 2.9%、咖啡碱 3.8%，酚氨比 7.2。所制汝白银针为新创制白茶，特点是外形芽叶相连成朵，银毫隐翠，香气清高，滋味鲜醇回甘，1997 年获巴黎国际名优产品博览会金奖。亦适制红茶。耐寒性、耐旱性均中等。

96. 白毫早最适制哪一类白茶？

白毫早由湖南省农业科学院茶叶研究所从安化群体种中采用单株育种法育成。国家审定品种。无性系。茶树灌木型，树姿半开张，分枝密。中叶，叶长椭圆形，叶色绿，叶身稍内折，叶面平。芽叶淡绿色、茸毛特多。早生，一芽二叶期在3月下旬到4月初。产量高。春茶一芽二叶干样含茶多酚18.6%、氨基酸5.2%、咖啡碱3.6%、水浸出物49.6%，酚氨比3.6。制白茶银针，条索纤细色白，香清味鲜。亦适制高桥银峰名茶。抗寒性和适应性强。湖南有大面积栽培，广西、贵州、四川、湖北、河南等地有引种。

97. 乐昌白毛茶制白茶有什么特色？

乐昌白毛茶和仁化白毛茶是广东省最适制白茶的有性系品种，一般采制白毫银针、白云雪芽等白茶（图6-2）。用单芽制的白毫银针，挺秀银白，香清味醇。品种性状见问题55。

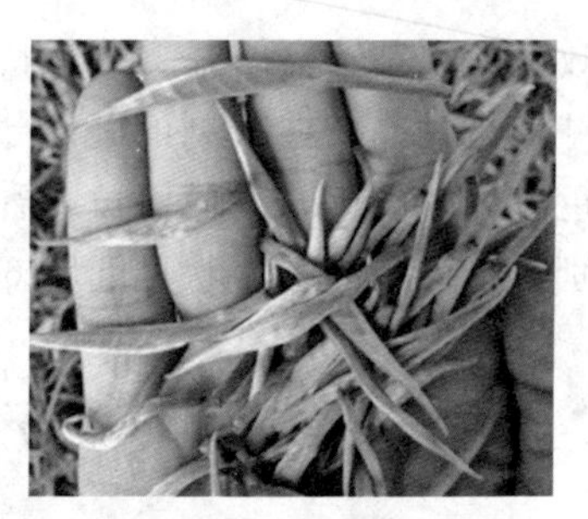

图6-2 乐昌白毛茶

98. 云南大叶品种景谷大白茶制白茶有传统白茶风格吗？

景谷大白茶又名秧塔大白茶。产于云南省景谷傣族彝族自治县民乐、景谷镇一带。有性系。茶树小乔木型，树姿半开张，树高和树幅均在5～6米，分枝中。大叶，叶长椭圆形，叶色绿，叶身稍内折，叶面隆起，叶背多毛，叶质中。芽叶淡绿色、毛特多，持嫩性强。早生，春茶一芽二叶期在3月上旬。产量较高。春茶一芽二叶干样含茶多酚 31.1%、儿茶素 15.4%、氨基酸 3.4%、咖啡碱 5.0%、茶氨酸 1.75%，酚氨比 9.1。“景谷大白”是云南知名绿茶，创制于清代，外形条索壮实，银毫密披，香气鲜浓，滋味醇厚。近年来利用芽壮多毛特点，创制了多个白茶，如采单芽制白龙须，采一芽一叶制月美人，采一芽二叶制月光白（图 6-3），采一芽二三叶制月光寿。月光白是最具代表性白茶，特点是干茶白底褐面，即叶背银白，叶面灰褐，里外两重色，汤色橙黄，香气略显花香，滋味醇正，叶底肥壮多毫。景谷大白茶亦适制滇红工夫和晒青茶。抗寒、抗旱性均较弱。

图 6-3 月光白

99. 普茶1号是怎样的品种？制白茶有什么特点？

普茶 1 号又名雪芽 100，由云南省普洱茶树良种场从当地群体种中采用单株育种法育成，无性系。省登记品种。茶树乔木型，树姿直立，叶片稍上斜或水平状着生，节间长。大叶，叶长椭圆形，叶色深绿，叶身平，叶面隆起，叶质薄软。芽叶硕长、茸毛特多。早生，一芽二叶期在 3 月上旬。产量高。春茶一芽二叶干样含茶多酚 26.4%、氨基酸 1.8%、咖啡碱 3.4%、水浸出物 49.5%，酚氨比 14.7。用单芽制白茶，锋苗如针，色白如银，汤色杏黄，嫩香清幽，滋味甘醇。亦适制红茶、绿茶。抗寒性弱，抗旱性较强。云南有较大面积栽培。

第七篇 黄茶品种

100. 黄茶是什么茶？是否就是黄叶茶？

黄茶是我国六大茶类之一，是产销量最少的茶类。2023 年全国茶叶总产量 333.95 万吨（不包括台湾省），其中黄茶产量 2.3 万吨，占比 0.7%。全国茶叶内销总量 240.4 万吨（不包括台湾省），黄茶占比 0.8%，产量和销量均居第六位。黄茶几乎都是内销，如黄大茶在传统消费的山东沂蒙山区和河北太行山区是不可替代的茶类。

黄茶是由绿茶演变而来的。据明代许次纾《茶疏》载："大江以北，则称六安，然六安乃其郡名，其实产霍山县之大蜀山也。茶生最多，名品亦振。河南、山陕人皆用之。南方谓其能消垢腻，去积滞，亦共宝爱。顾彼山中不善制造，就于食铛大薪炒焙，未及出釜，业已焦枯，讵堪用哉。兼以竹造巨笱，乘热便贮，虽只有绿枝紫笋，辄就萎黄，仅供下食，奚堪品斗。"这是描述当时安徽霍山黄大茶的制法和品质状况，表明明代中期已产黄茶。

根据黄茶的定义，在加工过程中有闷黄工艺的才能称为黄茶，属于微发酵茶。然而，造成黄色茶叶的因素较多，有的是自然突变体，如中黄 1 号、中黄 2 号、黄金芽、黄金菊等芽叶本身就是黄色，即使采用绿茶加工工艺，成品茶仍是"茶黄、汤黄、叶底黄"。还有的是绿茶加工技术不规范，如杀青时多闷少抛或杀青叶未及时散热堆放，造成闷黄；揉捻叶不及时干燥甚至隔夜干燥，在湿热状况下造成非酶促氧化，使色泽泛黄，尽管如此，它们仍属于绿茶类。这类茶一般香气低沉不悦，滋味不爽。黄茶黄叶、黄汤，香气和鲜爽度不像绿茶鲜明，易被误认为是陈年绿茶，同时工艺又比绿茶复杂，生产成本高于绿茶，所以黄茶产销量低。

黄茶对品种适制性无要求，一般都是采用当地群体品种。按鲜叶采摘嫩度和工艺特点分黄小茶和黄大茶。传统黄小茶有湖南的君山银针、沩山毛尖、北港毛尖，四川的蒙顶黄芽，安徽的霍山黄芽，浙江的平阳黄汤、莫干黄芽，湖北的远安鹿苑等。黄大茶有安徽的六安黄大茶，广东的大叶青等。

黄茶基本工序有杀青、揉捻、闷黄、干燥。闷黄是黄茶的关键工艺，茶叶在湿热条件下，长时间的堆闷使叶绿素 a 与叶绿素 b 大量降解，而较稳定的胡萝卜素保留量较多，使叶绿素和类胡萝卜素的比值下降，导致干茶与叶底色泽变黄。同时，在高温高湿条件下，茶多酚、氨基酸等发生氧化、缩合反应，水浸出物、茶多酚、儿茶素和氨基酸含量明显降低。导致黄茶汤色橙黄，茶汤醇厚度比同样原料制的绿茶有所减轻。

101. 君山银针是黄茶还是白茶？是什么品种制的？

君山银针是著名黄茶之一（图 7－1)。君山是湖南省岳阳市洞庭湖中一小岛，与岳阳楼隔湖相望。唐代刘禹锡诗曰：“遥望洞庭山水翠，白银盘里一青螺。”君山茶就产自这名湖名山之中。君山银针茶创制于唐代，因茶叶满披金黄色茸毛，唐称“黄翎毛”。洞庭君山群体种是君山银针的主栽品种。有性系。茶树灌木型，树姿半开张，分枝密。中叶，叶椭圆形，叶色绿，叶身平或稍内折，叶面隆起，叶尖渐尖，叶齿锐、密、浅。芽叶绿色、茸毛中等。产量高。春茶一芽二叶干样含茶多酚 19.3%、儿茶素

图 7－1 君山银针

10.2%、氨基酸3.8%、咖啡碱4.2%，酚氨比5.1。在清明前3～4天采摘肥壮单芽，要求芽长2.5～3厘米、宽3～4毫米。品质特点是芽身金黄，满披橙毫（称为“金镶玉”），香气清纯，滋味甜爽，汤色鹅黄明亮，叶底嫩黄匀齐。君山银针于1955年获德国莱比锡国际博览会金质奖，是1959年全国十大名茶之一。耐寒性、耐旱性均强。

为了丰富茶类结构，近年来当地用白毫早（见问题96）、桃源大叶品种创制了君山银针绿茶，有别于君山银针黄茶。

102. “三蒙”中的蒙顶黄芽是什么品种制的？

蒙山产的蒙顶茶包括蒙顶甘露、蒙顶石花、蒙顶黄芽等，只有蒙顶黄芽是黄茶。

采制蒙顶黄芽的传统品种是当地的川茶中小叶群体种，以及选育的名山特早213、名山白毫131、名山早311（见问题40）和福鼎大白茶（见问题56）等。一级黄芽采摘一芽一叶初展叶，俗称“鸦雀嘴”，要求芽叶肥壮，长短大小匀齐，1千克鲜叶需要1.6万～2万个芽叶，一般从春分采至清明后10天左右。工序有杀青、初包、复炒、复包、三炒、堆积、四炒、烘焙等。品质特点是外形微扁挺直，嫩黄油润，全芽披毫，香气甜香浓郁，滋味甘醇，汤色黄亮，叶底嫩黄匀齐。

103. 霍山黄芽就是利用黄色芽叶品种制的吗？

霍山黄芽是历史名茶，源于唐代前，据唐代李肇《国史补》载，十四贡品中就有霍山之黄芽。另据《霍山县志》记：“霍山黄芽之名，已肇于西汉。”采制品种是安徽省霍山县大化坪一带的霍山群体种。省级认定品种。有性系。灌木型，树姿半开张，叶片上斜状着生。中小叶，叶椭圆形，叶色淡绿，叶身内折，叶面稍隆起，叶质柔软。芽叶黄绿色、茸毛中等。晚生，一芽三叶盛期在5月上旬。产量中等。春茶一芽二叶干样含茶多酚21.8%、儿茶素13.8%、氨基酸 5.0%，酚氨比 4.4。谷雨后采摘一芽一叶和一芽二叶，经摊青、杀青、揉捻、初包发酵、复包发酵、烘干而成。品质特点是条索紧结有锋苗，茸毫显露，香气清纯带花香，滋味醇厚回甘。抗性强。

104. 温州黄汤是用汤色命名的，是用什么品种加工的？

温州黄汤是历史名茶，据传创制于 1798 年前后。又名平阳黄汤，是唯一用汤色命名的黄茶。主产于浙江省温州市平阳、泰顺等县，以平阳县的南雁荡山朝阳山区所产的茶最为正宗。品种是平阳群体种。灌木型，分枝密。中叶，叶椭圆或长椭圆形，叶色绿。芽叶绿色、茸毛较多。早生，一芽一叶期在 3 月下旬。产量中等。含茶多酚 17.7%、氨基酸 4.9%、咖啡碱 4.9%、水浸出物 47.8%，酚氨比 3.6。氨基酸和咖啡碱含量较高。清明前采摘一芽一叶至一芽二叶初展叶，经摊青、杀青、揉捻、“九闷九烘”等工序制作而成。品质特征是，条索细紧纤秀、色泽黄褐显毫，汤色橙黄，似玉米香味，叶底嫩黄成朵。

105. 莫干黄芽有黄茶系列和绿茶系列，是用同一种品种制的吗？

莫干黄芽产于浙江省德清县莫干山区。陆羽《茶经》载：“浙西以湖州上……生安吉、武康二县山谷，与金州、梁州同。”1958 年，武康县并入德清县。最早的莫干山茶采制很讲究，据清《前溪逸志》记，四月开始采制，经过炙、揉、焙、汰而成。又据《莫干山志》载，清明前后采制的称芽茶，夏初制的称梅尖，七八月制的称秋白，十月制的称小春。以芽叶细嫩黄绿色的品质最优，名为莫干黄芽。品种主要是莫干山群体种。有性系。茶树灌木型，树姿开张，叶片水平状着生。中叶，叶长椭圆形，叶色深绿，叶面平或稍内折，叶质厚软。芽叶黄绿色、茸毛多。早生，一芽一叶盛期在 3

月底。产量高。春茶一芽二叶干样含茶多酚19.6%、氨基酸3.1%、咖啡碱3.1%，酚氨比6.3。采摘一芽一叶初展叶，经摊放、杀青、揉捻、闷堆、初烘、锅炒、足烘而成。品质特征是外形嫩黄细紧，汤色嫩黄明亮，叶底嫩黄匀嫩，香气幽雅纯正，滋味鲜醇清爽。

为增加产品种类，1991年按绿茶工艺加工的“莫干黄芽”是绿茶类，即现今的莫干黄茶有黄茶和绿茶两个系列。

106. 六安黄大茶是大叶种加工的吗？

六安黄大茶统称皖西黄大茶、霍山黄大茶（图7-2），产于安徽省霍山、金寨、岳西等地，毗邻的湖北省英山县、河南省商城县等地也产。产量以霍山最多，质量以霍山县大化坪、漫水河及金寨县燕子河一带最优。黄大茶因梗粗大而得名。皖西黄大茶并非大叶品种所制，主要是霍山群体种（见问题103）和金寨青山种等中小叶品种。

图7-2　黄大茶

金寨青山种，产于金寨县青山、油坊店一带。中小叶群体种。有性系。茶树灌木型，树姿半开张，叶片上斜状着生。中叶，叶椭圆或长椭圆形，叶色深绿，叶身内折，叶面隆起，叶质柔软。芽叶黄绿色、茸毛中等。晚生，一芽三叶盛期在5月上旬。产量中等。春茶一芽二叶干样含茶多酚22.0%、儿茶素14.0%、氨基酸4.5%，酚氨比4.9。春茶一般在立夏前后2～3天开采，采3～4批。夏茶在芒种后3～4天采摘，采1～2批。采摘标准为一芽四五叶，叶大梗长。加工工序有炒茶（杀青和揉捻）、初烘、堆积、烘焙等。品质特点是外形梗叶相连，叶片成条，形似鱼钩，色泽金黄油润，呈古铜色，汤色深黄，叶底黄褐，滋味浓厚，具有高爽的焦糖香。以大枝大叶、茶汤黄褐、焦香浓郁、耐泡为主要特征。

第八篇 黑茶品种

107. 黑茶是烘青或晒青的再加工茶，黑茶的品质是怎样的？

黑茶是后发酵茶，属于再加工茶类。2023 年全国茶叶总产量 333.95 万吨（不包括台湾省），其中黑茶产量 45.8 万吨，占比 13.7%。全国茶叶内销总量 240.4 万吨（不包括台湾省），黑茶占比 15.7%，产量和销量仅次于绿茶、红茶。黑茶对品种的适制性无专一要求，主要是在加工中有渥堆过程，使之形成黑茶特有的品质特征。除了普洱茶使用晒青茶作为原料外，其他茶都使用烘青茶作为原料（晒青茶归属于绿茶类，因作为黑茶的原料，故本书放在黑茶品种介绍）。各种黑茶渥堆的时间段也不一样，如四川的南路边茶在杀青后渥堆；湖南黑茶、广西六堡茶在揉捻后渥堆；云南普洱茶、沱茶在晒干后渥堆。除了普洱茶用凤庆大叶茶、勐库大叶茶、勐海大叶茶等品种外，其他黑茶都是采用当地的中小叶群体品种，如湖南安化黑茶用云台山种、四川雅安藏茶用川茶种、广西六堡茶用六堡种等。云南普洱茶，陈香浓郁，滋味醇厚甘滑；安化茯砖茶中所生成的“金花”，是灰绿曲霉的菌孢子群，会产生特殊的黄花香味；广西六堡茶的特点是有松烟气和槟榔味。

108. 为什么普洱茶要用云南大叶种晒青茶作为原料？晒青茶的品质主要取决于什么？

普洱茶是后发酵茶。所谓后发酵，就是将晒青茶进行渥堆处理。在渥堆的湿热环境下，茶叶产生了非酶促氧化，内含物发生了一系列的分解、降解、聚合和缩合反应，导致茶多酚减少60%、儿茶素减少75%、游离氨基酸减少60%、可溶性糖下降40%等，生成茶褐素、酚酸等物质。另外，还产生诸如棕榈酸、戊烯醇、庚二烯醇等具有陈香味的物质。由此可见，这就要求原料的基质要丰富，而云南大叶种正符合这样的要求。大叶种茶芽叶肥壮，酶活性强，大锅杀青一般难以杀透杀匀，残余酶活性仍较强，为后续酶促氧化留有活力。大叶种茶糖类、蛋白质等含量较高，有利于外源微生物的生成和酶的分泌。在内源、外源酶的共同作用下，使多种生化物质发生转化和聚合。晒青茶加工干燥过程较长，干燥温度较低，既有长时间的自动氧化，又有光氧化反应，能够促进茶叶中香味物质的形成与转化，如类胡萝卜素的形成对陈香味的生成起着重要作用。

相对而言，晒青茶无论从鲜叶采摘还是加工工艺来看都比较粗放，但各个茶区甚至不同山头品质有所不同，这主要取决于茶园的土壤质地、肥水状况以及采制品种等。优质晒青茶总体特征是条索肥壮显毫，色泽墨绿或灰绿，汤色黄绿或浅黄明亮，香气显蜜香或花香，较持久，滋味浓醇，稍带苦涩，收敛性和刺激性强，回甘，叶底叶张肥软，黄绿色，间有红边红筋。

109. 冰岛茶是用什么品种制的？有什么特点？

冰岛茶是云南知名晒青茶之一，产于云南省双江拉祜族佤族布朗族傣族自治县勐库镇冰岛村，海拔1 675米，栽培的主要是勐库大叶茶（见问题64）。晒青茶条索肥壮、墨绿油润显毫，汤色黄绿明亮，显蜜香或花香，滋味浓醇，显苦涩、回甘，收敛性和刺激性强。多次冲泡仍显甘醇。

110. 老班章茶是用什么品种制的？有什么特点？

老班章茶是云南知名晒青茶之一，产于云南省勐海县布朗山布朗族乡班章村，海拔 1 805 米，品种是勐海大叶茶（见问题 64）。晒青茶条索肥壮、墨绿显毫，汤色橙黄，清香持久，滋味浓厚苦涩回甘，收敛性和刺激性强。

111. 南糯山茶是用什么品种制的？有什么特点？

南糯山茶产于云南省勐海县格朗和哈尼族乡，海拔 1 300～1 600 米。品种是勐海大叶茶（见问题 64）。晒青茶条索褐绿、肥壮多毫，香气浓，滋味浓厚苦涩，回甘持久。

112. "六大茶山"是指六座茶山吗？有哪些品种？

著名的"六大茶山"位于云南省西双版纳傣族自治州勐腊县北部和景洪市东部。"六大茶山"有其来历，相传公元 225 年，诸葛亮南征至今西双版纳六大茶山，留下很多器物。在《普洱府志》中记："旧传武侯遍六山，留铜锣于攸乐，置铓于莽芝，埋铁砖于蛮砖，遗木梆于倚邦，埋马镫于革登，置撒袋于曼撒，因以名其山。"所以，"六大茶山"并非是六座大山，而是产茶的村寨。"六大茶山"地属北热带湿润季风气候区，优良的生态环境造就了茶叶醇香味厚的特点，历来是优质传统普洱茶的主产区。然而，从茶树品种看，这里的茶树并非全是乔木大叶品种，其中在象明彝族乡的倚邦、曼庄等多个村寨生长有小乔木或灌木型的中小叶品种。由于中小叶茶富含氨基酸，与大叶茶拼配，生化成分互补，使茶叶鲜爽度增加，故业界有"大叶拼小叶品质好"的说法。现选择 3 个典型品种介绍于下。

（1）易武大叶茶。又名易武绿芽茶。产于勐腊县易武镇易武村，海拔 1 400 米。有性系。茶树小乔木型，树姿半开张或直立，分枝中等，大叶，叶色绿，叶长椭圆形，叶身稍内折，叶面稍隆起，叶质较厚软。芽叶较肥壮、黄绿色、茸毛多。早生，3 月上旬采摘一芽二三叶。产量较高。春茶一芽二叶干样含茶多酚 24.8%、

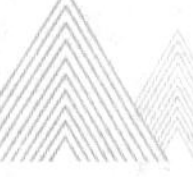

儿茶素 22.8%、氨基酸 2.9%、咖啡碱 5.1%、茶氨酸 1.47%、水浸出物 48.5%，酚氨比 7.9。制晒青茶，条索绿润较紧结，显蜜香，滋味鲜爽浓醇。制红茶香味较高锐。抗寒、抗旱性较弱。

（2）倚邦小叶茶。产于勐腊县象明彝族乡倚邦村，海拔 1 380 米。有性系。茶树灌木型，树姿半开张，分枝密。小叶，叶长×叶宽为 7.4 厘米×3.1 厘米，最小叶长×宽为 5.1 厘米×2.3 厘米，叶椭圆形，叶色绿，叶身稍内折，叶面稍隆起，叶尖渐尖，叶齿锐、中、浅，叶脉 6～9 对，叶质较硬。芽叶黄绿色、多毛。早生，3 月上中旬采摘一芽二三叶。产量较高。春茶一芽二叶干样含茶多酚 22.8%、氨基酸 2.0%、咖啡碱 2.2%、水浸出物 36.9%，酚氨比 11.4。适制晒青茶和红茶，香气高，滋味鲜爽。

（3）攸乐大叶茶。产于景洪市基诺山基诺族乡，海拔 1 360 米。有性系。茶树小乔木型，树姿直立，分枝较稀。大叶，叶椭圆形，叶色深绿，叶身平，叶面隆起，叶尖渐尖，叶齿钝、稀、中，叶脉 10～13 对，叶质软。芽叶黄绿色、多毛。早生，2 月底 3 月初采摘。春茶一芽二叶干样含茶多酚 25.5%、氨基酸 3.1%、咖啡碱 5.4%、水浸出物 40.2%，酚氨比 8.2。制晒青茶，绿褐肥壮多毫，香气较浓，滋味浓醇苦涩回甘。

113. 景迈茶是用什么品种制的？茶树上寄生的“螃蟹脚”是什么植物？

景迈茶是云南名茶之一，产于云南省澜沧拉祜族自治县惠民镇景迈村，海拔 1 390～1 450 米。品种是景迈大叶茶，有性系。茶树小乔木型，树姿半开张，分枝中。大叶，叶椭圆形，叶色深绿，叶身平，叶面隆起，叶背主脉多毛，叶质厚软。芽叶黄绿色、多毛。中生，3 月下旬采摘一芽三四叶。产量高。春茶一芽二叶干样含茶多酚 25.4%、氨基酸 2.3%、咖啡碱 4.6%，酚氨比 11.0。制晒青茶，条索青褐显毫，显樟香或弱兰香，“杯香”持久，滋味浓醇回甘。亦适制红茶。

当地老年茶树树干上常见到一种桑寄生植物扁枝槲寄生（*Viscum*

articulatum Burm. f.），俗称“螃蟹脚”（图 8-1），民间常用来止咳祛痰。除了景迈大叶茶外，孟连、景东、镇沅、墨江、宁洱、元江等县的老茶树也都长有，其原因尚不明，一般生态条件好，林木郁闭度高的茶园易见到。

图 8-1 螃蟹脚

114 昔归茶品种有什么特点？藤条茶是怎么回事？

昔归茶产于云南省临沧市临翔区邦东乡忙麓山。昔归，傣语意思是搓麻绳的地方，因地处澜沧江西岸的嘎里古渡（归西渡口），旧时马帮来此收购茶叶，需大量的麻绳捆绑，因而就把此地称作昔归。昔归海拔只有 873 米，是云南海拔最低的茶园之一。品种为邦东大叶群体种。以昔归大茶树作样株介绍，茶树小乔木型，树姿半开张，分枝密，嫩枝有毛。大叶，叶长椭圆形，叶色绿黄，叶身稍内折，叶面平，叶背主脉中毛，叶质中。芽叶肥壮、黄绿色、茸毛多。产量较高。春茶一芽二叶干样含茶多酚 28.2%、儿茶素 17.4%、氨基酸 3.0%、咖啡碱 4.9%，酚氨比 9.4。制晒青茶，条索较细紧，色泽绿润有毫，清香或菌香（干巴菌香），“杯香”持久，滋味鲜醇回甘。

当地有一种“藤条茶”，主要是因常年采摘枝条中下部芽叶，只留顶养梢，久而久之造成枝条呈藤条状，并非品种特性所致（图 8-2）。

图 8-2 藤条茶

115. 下关沱茶与重庆沱茶有什么区别？是用什么品种制的？

下关沱茶为云南名茶之一，创制于1902年前后，用产于临沧、勐海、普洱等市县的勐库大叶、凤庆大叶、勐海大叶等品种一芽三四叶加工的晒青茶作原料，集中在下关加工，又因为产品主销四川沱江一带，故名下关沱茶。原料经拼配、蒸揉、压制定型、干燥而成。形似碗臼状，外径8.3厘米，高4.3厘米，外观紧结光滑、显毫，色泽褐红，有独特的陈香，滋味醇厚回甘，汤色红浓，叶底稍粗大呈褐猪肝色。为方便饮用，有一种“袖珍沱茶”，直径2.8厘米，边厚1厘米，重3克，一沱冲泡一次，但多用末茶压制，内含物溶出快，品质良莠不齐。现今下关沱茶有云南普洱沱茶（普洱熟茶）、烘青绿茶、红茶、花茶等系列产品。云南普洱沱茶于1986年在西班牙第九届世界食品评奖会上获世界食品汉白玉金冠奖。主销四川、两广、陕甘宁及港澳台地区。

重庆沱茶是产于重庆的紧压茶。以从云南勐海、凤庆等地引进的大叶种晒青茶为原料，采用下关沱茶的制法而成，与下关沱茶的主要区别是加工产地不同。品质特点是碗形厚壁，暗绿黑润，陈香味醇，汤色黄亮。依品质优次分“特级重庆沱茶”“重庆沱茶”“山城沱茶”。重庆沱茶于1983年在第22届世界优质食品评选大会上获金质奖。主销重庆、四川等地。

116. 安化黑茶是用什么品种加工的？

湖南是我国黑茶主产大省之一，产量约占全国黑茶的40%。安化产茶历史悠久，唐时安化、新化一带属潭州和邵州。毛文锡《茶谱》记：“潭邵之间有渠江，中有茶……其如铁，芳香异常。”原产区以安化为中心，现已扩大到桃江、宁乡、汉寿、临湘等县市。用云台山群体种先制作烘青茶，一级采一芽三四叶，二级采一芽四五叶，三级采一芽五六叶，四级以对夹新梢为主。加工有杀青、初揉、渥堆、复揉、干燥工序。用烘青茶压制成紧压茶，按特点分为“三砖”。

（1）黑砖茶。长方形砖茶，重2千克。特征是砖面色泽黑褐，香气纯正，滋味浓厚微涩，汤色红黄微暗，叶底暗褐。

（2）花砖茶。又称“花卷茶”，即卷成高1.47米，直径20厘米的圆柱形，净重合老秤1 000两*，所以又称“千两茶”。工艺与品质特点和黑砖茶基本相同。

（3）茯砖茶。又称“湖茶”，长方形砖茶。茯砖茶压制要经过原料拼配、蒸气沤堆、压制定型、发花干燥等工序。砖面色泽黑褐，香气纯正，滋味醇厚，汤色红黄明亮，叶底暗褐。因有“发花”工序，砖内的金黄色斑状粉末俗称“金花”或“黄花”，它是灰绿曲霉的菌孢子，菌种是冠突散囊菌，能产生特殊的黄花清香，对品质有利。

云台山种又名安化种。产于湖南省安化县云台山。安化产茶历史悠久，据《安化县志》记：“当北宋启疆（建县）之初，茶犹力而求诸野……不种自生。”国家认定品种。有性系。茶树灌木型，树姿半开张，分枝密。中叶，叶长椭圆或椭圆形，叶色绿或黄绿，叶身稍内折，叶面稍隆起。芽叶黄绿色、茸毛中等。中生，一芽二三叶盛期在4月中旬。产量较高。春茶一芽二叶干样含茶多酚22.6%、儿茶素14.4%、氨基酸2.9%、咖啡碱4.1%，酚氨比7.8。云台山种是制安化黑茶的主要品种。所制“安化松针”是湖南现代名茶。抗旱、抗寒性强。20世纪60～70年代曾引种到阿尔及利亚、越南等国。

117. 六堡茶品种名与茶名一样吗？

六堡茶又名苍梧六堡茶，已有两百多年历史，因产于广西壮族自治区苍梧县六堡镇而得名。据清同治年间的《苍梧县志》载：

* 两为非法定计量单位，老秤1两=31.25克。——编者注

“茶产多贤乡六堡，味厚，隔宿不变。”现今产品已扩大到贺州、蒙山、岑溪、横州等地。品种是六堡群体种。有性系。茶树灌木型，树姿开张，分枝密。中叶，叶椭圆形，叶色绿，叶身平或稍内折，叶面平或稍隆起，叶尖钝尖。叶质较厚脆。芽叶淡绿色，少数微紫色，茸毛少。早生，开采期在4月初。产量中等。春茶一芽二叶干样含茶多酚25.9%、氨基酸3.0%、咖啡碱4.4%，酚氨比8.6。采摘一芽二三叶或一芽三四叶，经杀青、揉捻、渥堆、复揉、干燥而成六堡散茶，可直接饮用。六堡散茶经初蒸渥堆、复蒸装篓，压制成圆柱形的六堡紧压茶。压制后要进仓晾储半年之久，让其发“金花”。优质六堡茶特点是色泽黑褐光润，汤色红浓似琥珀色，香气陈醇，滋味醇和甘滑，叶底铜褐色，有松烟香和槟榔味。除主销广东、广西、香港等地外，还销往东南亚诸国。由此可知，六堡茶茶名与品种名一样。

第九篇 其 他

118. 有专门用来窨制花茶的茶树品种吗？

花茶属于再加工茶类。由于茶叶疏松多孔隙，茶叶中又含有吸附性很强的棕榈酸和萜烯类物质，利用这些特性，让茶叶吸收鲜花的香味，便成为花茶。所以没有专门用来窨制花茶的茶树品种。如问题 31 所述，茶园即便间作果树或香花植物，也不会直接赋予或影响茶叶的香味，所以花茶必须用鲜花来窨制。

可以用来窨制花茶的香花植物有乔木型的白兰花、蜡梅花、桂花、柚子花、代代花；灌木型的茉莉花、珠兰花、玫瑰花；藤本的金银花；草本的兰花、白菊花等。香花的选用必须注意花香与茶味的协调。上述多数香花用于窨制绿茶，玫瑰花多用于窨制红茶和绿茶。白兰花多用于打底，所谓打底就是在窨花茶时配用少量第二种花一起窨，可以调和香型，衬托主导花香，如窨制茉莉花茶，100 千克茶坯（被窨制的茶称为茶坯，俗称素茶）用 30 千克茉莉花、4～6 千克白兰花打底。花茶列举如下。

（1）茉莉花茶（茉莉烘青）。以往以福建省福州、浙江省金华、江苏省苏州的茉莉花茶最著名。现今以广西横州和福建福州产量最多。以一芽二三叶烘青作茶坯，用茉莉鲜花窨制。特点是外形条索紧细匀整，色泽褐绿显毫，汤色黄绿明亮，香气鲜灵浓郁，滋味醇厚绵长。

（2）珠兰花茶。主产于安徽省歙县等地，用黄山毛峰、徽州烘

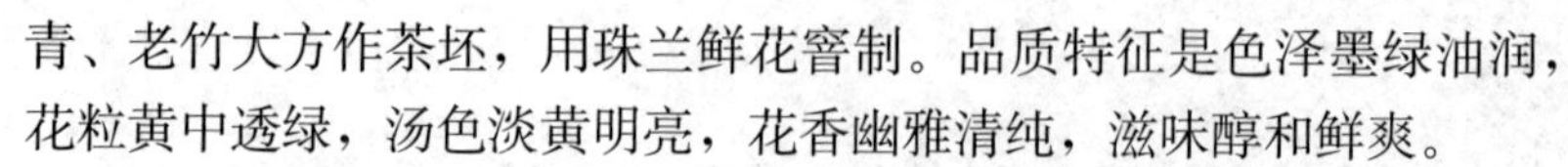

青、老竹大方作茶坯，用珠兰鲜花窨制。品质特征是色泽墨绿油润，花粒黄中透绿，汤色淡黄明亮，花香幽雅清纯，滋味醇和鲜爽。

（3）桂花烘青。主产于广西桂林和湖北省咸宁等市。用“银桂”窨制。品质特点是色泽墨绿油润，桂花色泽金黄，汤色绿黄明亮，花香浓，滋味醇厚。

（4）玫瑰红茶。以一二级红条茶作茶坯，用玫瑰花窨制。外形条索紧结，色泽乌润，汤色红明，玫瑰花香浓郁，滋味醇厚回甘。

119. 茶树为什么会发生叶色变异？有哪些叶色变异品种？

叶色变异茶树又称为“彩色茶树”。茶树正常芽叶为绿色，不过在自然界还有白色、乳白色、黄色、紫色、红色、黄绿相间等色泽的叶片，这一类统称为叶色变异叶。其原因大体分两类：白色和黄色的属于白化变异；紫色和红色的是由气候或遗传因素所导致的变异。

白叶茶是一个具有阶段性白化现象的温度敏感型自然突变体。据对白叶1号（安吉白茶）（见问题25）研究，白化主要原因和特点：一是由于叶绿体膜结构发育发生障碍，叶绿体退化解体，叶绿素合成受阻，质体膜上各种色素蛋白复合体缺失，导致春茶芽叶白色，叶脉隐绿。二是由于核酮糖-1，5-双磷酸羧化酶的大小亚基含量及酶活性下降，同时伴随着蛋白质水解酶活性的升高，使可溶性蛋白质大量水解，导致游离氨基酸上升，再由于叶绿体缺失，光合作用减弱，糖合成减少，导致茶多酚降低，造成高氨低酚现象。三是温度达到23℃时会复绿，即春茶芽叶白色，夏秋茶又为绿色。四是白化是一种隐性遗传，用种子繁育的茶苗只有25％左右出现白化现象（见问题17），故必须用短穗扦插繁殖。类似的白叶茶还有浙江的白叶2号（建德白茶）、白叶3号（景宁白茶）、云峰15号（磐安白茶）、千年雪等。需要说明的是，在茶园中偶见的个别白化叶片或嫩梢，多数是缺乏镁、锌、铜、钼等元素引起的，只是短期的白化现象，不会遗传，无生产或育种价值。

黄叶茶是一个具有阶段性白化现象的光照敏感型自然突变体。黄叶的造成与叶片中叶绿体基粒片层消失、类囊体数量减少，即叶绿体膜结构发生障碍有关。因与光照有直接关系，茶树树冠内部隐蔽处不会发生黄叶现象，依旧是绿色。黄叶茶品种有中黄 1 号（天台黄茶）、中黄 2 号（缙云黄茶）、黄金芽等。

紫红色叶主要是气候等原因造成花青素增多所致，也有少数因基因突变造成的常年紫色叶。它们的叶绿体结构是完整的，叶绿素含量并不低。花青素又称花色素，属于类黄酮化合物，广泛分布于表皮细胞的液泡中，主要以花色苷的形式存在。在正常绿色芽叶中，含量一般在 0.01%～1.0%，在紫芽叶中达 2%以上。较高的温度和较强的光照会使花青素含量增加，因花青素具有缓解叶片光氧化损伤的能力，起到光保护作用，所以同一品种春茶芽叶是绿色，夏秋茶常会变成紫绿或深绿色。花青素易溶解于水，味苦，如 150 克茶水中有 15 毫克时，茶汤有明显的苦味。花青素具有较强的抗氧化、清除自由基和保护视力作用。已经作为栽培品种的有紫娟（见问题 122）等。

120. 中黄 1 号是白化品种吗？适制什么茶？

中黄 1 号又名天台黄茶。由中国农业科学院茶叶研究所、天台县农业农村局从浙江省天台县街头镇茶农发现的自然变异株中选育而成。国家登记品种。无性系。茶树灌木型，树姿直立，分枝中等，叶片稍上斜状着生。中叶，叶椭圆形，叶绿黄色，叶身稍内折，叶面微隆起，叶缘平，叶尖钝尖，叶齿锐、密、浅，叶质中等。春夏秋季芽叶和嫩叶均为淡黄色，第三第四叶嫩黄色，叶片主脉及下部稍偏绿，成熟叶及树冠下部和内部叶片均为绿色，芽叶茸毛少。中偏晚生，一芽一叶盛期在 4 月上旬。产量中等。春茶一芽二叶含茶多酚 15.8%、儿茶素 9.70%（其中 EGCG 为 4.55%）、氨基酸 8.4%、咖啡碱 3.06%、茶氨酸 4.903%、没食子酸 0.600%、维生素 C 0.340%。较高的茶氨酸和游离氨基酸含量可能与叶片黄化有关。春茶一芽二叶制烘青绿茶，外形细嫩绿润透金黄，汤色嫩黄清澈，香气嫩香，滋味鲜醇，叶底嫩黄鲜艳（图 9－1）。制扁形绿茶（龙井茶），挺秀黄润，味鲜略苦。制红条茶，玫瑰红色，显花香，味甘醇。耐寒性及耐旱性均较强。浙江、四川等地有较大面积栽培。

图 9－1　黄叶茶烘青

121. 黄金芽是白化品种吗？适制什么茶？

黄金芽是浙江省余姚市三七市镇德氏家茶场等在当地群体种茶园中发现的变异体经扩繁选育而成。省认定品种。无性系。茶树灌木型，树姿开张，分枝中等，叶片稍上斜状着生。中偏小叶，叶披针形，叶色黄绿，叶片前半部呈不规则浸润黄色，叶脉不明显，叶身平或稍内折，叶面平，叶缘波，叶尖渐尖，叶齿锐、密、浅，似毛蟹品种叶齿，叶质中等。芽叶细长、茸毛少。单芽到一芽二叶呈淡黄色，似韭芽黄，二三叶基部及主脉均为黄色，4 月中旬第三叶仍为黄色，主脉显绿色，全年芽叶和嫩叶均呈黄色，但成熟叶及树冠下部和内部叶片为绿色。中生，一芽二叶初展在 3 月下旬到 4 月初。产量中等。春茶一芽二叶干样含茶多酚 23.4%、氨基酸 4.0%、咖啡碱 2.6%。春茶一芽二叶制烘青绿茶，外形翠绿透金黄，汤色嫩黄清澈，香气高久，滋味鲜爽，叶底嫩黄明亮。耐寒性及耐日灼性均较弱。浙江等地有较大面积栽培。

122. 紫娟是紫色品种吗？能制什么茶？

紫娟由云南省农业科学院茶叶研究所用当地群体种中的变异单株育成，因嫩梢的芽、叶、茎均为紫色，故名紫娟，是国家林业和草原局授予新品种保护权品种。无性系。茶树小乔木型，树姿半开张，分枝较密，叶片上斜状着生。大叶（偏中），叶披针形，成熟叶深绿色，叶身稍内折，叶面稍隆起。芽叶紫红色、茸毛较少。中生，一芽三叶期在3月下旬至4月上旬。产量中等，春茶一芽二叶干样含茶多酚27.2%、氨基酸2.9%、咖啡碱4.7%，含花青素3.36%。制晒青茶和烘青绿茶，色泽紫褐，有特殊香气，滋味醇厚略带苦；制红茶乌黑润亮，有果糖香又似兰花香，滋味浓强鲜爽。抗寒、抗旱性均强。云南等地有栽培。需用扦插繁殖，以保持遗传稳定性。

123. 观光茶园或庭院美化选用什么茶树品种或特异资源？

社会对茶的需求日益多元化，如从单纯的喝茶转为采茶、制茶、鉴茶、评茶一体化的“品茶悟道”；从单一的栽培加工、市场营销发展到需要构建科技普及、茶艺演练、饮茶保健、休闲度假等集一、二、三产业于一体的产业链。因此，以茶为主题、以茶为导向、以茶为载体，通过茶产业、旅游业和相关配套服务业打造的茶旅一体化方兴未艾。建设以彩色叶茶为主体的观光茶园不失为打造茶旅一体化的重要内容。目前适合用作景观茶园栽培的有以下品种和特异资源。

（1）叶色变异茶。如白叶茶、黄叶茶、紫红色茶等，可块状或带状或点状种植，也可与正常茶间隔种植，这样具有色彩斑斓的景观效果，观赏性强（图9－2，图9－3）。

图 9-2　白叶茶园

图 9-3　黄绿相间茶园

（2）曲枝茶。又称奇曲茶、花枝茶（图 9-4）。多为自然变异体，各地灌木型群体种茶园中偶有见到。特点是茶树低矮，嫩茎和枝干呈 S 形，扦插繁殖具有遗传性。可在景观茶园搭配种植，亦宜作为庭院盆景。

图 9-4　曲枝茶

如果是新规划设计的景观茶园，则按新茶园建设或换种改植茶园的要求种植。一般种一行绿色茶树，间隔种植一两行彩色茶树，这样交相辉映，景观效果好。如只是在原有茶园中进行点缀，则用嫁接方式（见问题 135），以原有的部分茶树为砧木，将彩色茶树嫁接上去，这样使同一丛茶树色彩斑斓。也可逐条进行茶树嫁接，使茶行色彩相间。

第十篇　茶树繁育

124　茶树的寿命有多长？树龄是怎么测算的？

茶树是亚热带常绿阔叶木本植物。常年高温湿润的环境条件，特别是雨热同期的夏秋季，茶树新陈代谢特别旺盛，所以茶树的生长、发育、衰亡周期要比落叶树和针叶林短。生长在南亚热带的乔木、小乔木大叶茶树生命周期为一两百年，且多是原始森林中的野生茶树。生长在中亚热带、北亚热带和暖温带的灌木型中小叶茶树生命周期相对较长，有两三百年甚至更长的，但没有一千年的茶树。

茶树树龄还没有比较科学准确的测定方法，死亡的乔木和小乔木茶树可以截取树干横断面点数年轮，活着的树一般是估算或者根据文字记载（如地方志和族谱）等来推算，但准确性很差，所以目前茶树树龄多有夸大。依据茶树样本，宽1厘米的树干横断面一般有4～5个年轮，即每年树干增加2～2.5毫米，如果茶树直径1米，半径是50厘米，即有200～250个年轮，换句话说直径1米的茶树，树龄是200～250年。

乔木和小乔木活体茶树可以测量树干围径（周长），除以2π，计算出半径，再乘以4或5，就可得出树龄。比如周长140厘米，半径是22.3厘米，树龄是89～112年。灌木型茶树没有主干，无法测量，主要观察树根生长情况，如果主根粗大，根颈处“盘根错节”，一般在百年以上。

125. 茶树繁殖方式有哪几种？

茶树繁殖方式有有性繁殖和无性繁殖两种。有性繁殖是用茶籽育苗，优点是方法简单，可保持种群的总体特征特性，缺点是繁殖率较低，更重要的是一些结实率为0的品种和资源（如三倍体茶树）无法繁衍后代。无性繁殖可繁衍后代，并保持种群的一致性和稳定性。主要方法：①短穗扦插。把嫩枝剪成短穗扦插成苗，繁殖系数高。②压条。将茶树健壮枝条埋入土中，待不定芽长成苗后，与母树分离，长成再生植株。此法繁殖系数低，一般用于茶行缺株补植。③嫁接。营养芽通过嫁接增殖，也就是将需要繁殖的材料作为接穗嫁接在砧木上。嫁接多用来换种，也有作为无性杂交手段的。由于茶树接穗受砧木的蒙导作用不明显，即砧木对接穗的影响很小，所以目前茶树几乎没有通过嫁接手段育成的无性杂交品种。

126. 茶籽怎样采收与贮藏？如何选择用来育苗的茶籽？

群体品种要从符合要求的特征特性相对一致、生长势强的茶树上采摘成熟饱满的茶籽。无性系品种如福鼎大白茶、龙井43等必要时也可用茶籽繁殖。但一些白叶、黄叶等隐性遗传茶树，就不能用茶籽育苗（见问题17）。茶树果实采收一般在霜降前后10～20天。茶果采收后铺于室内阴凉处，待果皮自然开裂，茶籽脱落，拣去果壳、蛀籽和瘪籽，就可收藏待用。成熟茶籽呈茶褐色或棕黑色，子叶饱满、乳白色。

茶籽可以秋播或春播。如果冬季没有冷冻和干旱，适宜秋播。当年不秋播的，要妥善贮藏，否则影响发芽率。贮藏茶籽的含水率在30%左右，在5～7℃、相对湿度60%～65%环境下，可贮藏5～6个月。随着时间的延长，种子生活力降低，一般过了夏季完全丧失发芽力。贮藏方法：①沙藏法。将未脱粒的茶果适当拣剔后，堆成15～20厘米高，放置于冬季温度不低于0℃的室内或地窖，上面盖半湿润沙（手捏成团，松手散开）。沙要不定期洒水。到播种时将茶籽取出。②箱（篓、桶）藏法。用于少量茶籽贮藏。在容器底部铺一层细沙，按茶籽与沙1∶1拌和放入，容器上部再放置约10厘米厚的沙和干草。贮藏期间要不定期检查，如沙泛白，要适度泼清水。③堆藏法。茶籽数量多时采用。在阴凉干燥的室内，地面铺3～4厘米厚细沙，再将茶籽与湿沙拌和后堆放成高40厘米左右的堆，上面盖草保湿，堆中央插一通气管。不定期检查，如沙泛白，适度泼清水。

播种前将茶籽浸在1∶10的黄泥水中1～2天，将沉于盛器底部籽粒饱满的用于播种，这样的种子用于育苗或直播不但苗木健壮，而且形态特征相对一致。漂浮在水面的茶籽予以丢弃。

127. 什么是短穗扦插？插穗发根的机理是什么？

茶树最早采用长枝扦插，即将长15～20厘米的当年生木质化粗壮嫩枝剪下，插入苗圃中，待下端发根后长成茶苗。长枝扦插繁殖率和成活率都很低。后逐渐摸索出短穗扦插法。方法是将一根枝条，按节间剪成带有一张叶片、一个腋芽的短茎，也就是短穗。此法比长枝扦插繁殖系数提高几十倍，且易管理，茶苗移栽方便，成活率高。现已是国内外最普遍的种苗繁殖法。

植物都有极性现象，即植物体上部总是迎着阳光生长，下部往下垂直生长，即使将一株苗木倒栽或横栽，它也会自动调整过来，也就是顶端部位永远是向上生长的。当从母树上取下枝条剪成插穗后，体内的激素和营养物质的移动受阻，积累在两端切口处，由于极性关系，插穗上端的营养芽发育成新梢，下端形成根系，成为具有完整组织结构的幼苗。插穗的发根过程是插穗下端先形成愈伤木栓质膜，同时木栓形成层的分生组织细胞大量分裂，形成愈伤组织，并逐渐分化出新的木质部和韧皮部，由此长出瘤状物，再从瘤状物上长出新根，形成根系。

128. 采穗母本园有什么要求？怎样培育健壮的穗条？

母本园是指提供穗条的茶园，要求种植的必须是单一的无性系品种，即同一块茶园的茶树是同一品种（不是生产需要繁殖的另当别论）；专用母本园要按高标准生产茶园开垦种植，园地尽可能选择地势平坦、土层深厚、土壤肥沃、交通方便的地方；加强病虫害防治，母本园茶树营养生长旺盛，芽叶和穗条较幼嫩，易罹生病虫害，为防止病虫危害造成穗条减产以及病虫随种苗向外蔓延，必须全过程注意病虫害的防治。

用来剪插穗的枝条称为穗条。健壮穗条繁育的苗木长势强，出圃率高，因此，培育好穗条是扦插的基础。要点：①施肥。母本园由于每年剪取穗条带走大量干物质，必须重施有机肥，配施磷钾肥。一般于9月中下旬施饼肥300～350千克/亩或厩肥2 000～2 500千克/亩，同时施入过磷酸钙30～40千克/亩、硫酸钾20～30千克/亩。第二年春茶发芽前30天左右施尿素20千克/亩，春茶结束蓬面修剪后再施尿素15千克/亩。②修剪和摘顶。8—9月扦插的宜在春茶结束后对养穗茶树进行修剪（大叶种一般是夏留冬剪）。第一次养穗的在距蓬面40～50厘米处修剪，连年养穗的在距蓬面20～30厘米处修剪。在采穗前10天左右摘去顶端一芽三四叶或嫩梢，以促进枝条木质化。

穗条质量按茶树种苗标准（GB 11767—2003）规定如下（表10-1）。

表10-1　穗条质量指标

类别	级别	品种纯度（%）	穗条利用率（%）	穗条粗度（毫米）	穗条长度（厘米）
大叶品种	Ⅰ	100	≥65	≥3.5	≥60
	Ⅱ	100	≥50	≥2.5	≥25
中小叶品种	Ⅰ	100	≥65	≥3.0	≥50
	Ⅱ	100	≥50	≥2.0	≥25

129. 怎样采取穗条和剪取插穗?

从母本园茶树上刈割枝条称为采穗。气温在 30℃以下，全天可进行。如在高温期，宜在上午 10 时前或下午 3 时后进行。刈割后最好马上剪穗、扦插。如不立即扦插，可将穗条竖放在阴凉潮湿处，并泼水。放置时间一般不超过 2 天。

剪穗时，选择茎皮红棕色或黄绿色腋芽饱满的健壮穗条，将底部粗老枝和顶部嫩梢剪去，将中间部分剪成长 2.5～3.5 厘米、带有一个腋芽和一张成熟叶片的短茎（图 10-1）。通常，一个节间剪取一个穗，节间短的可以把两个节剪成一个穗，即将下面的叶片和腋芽去除，只保留上面的叶和芽。一般中小叶品种每千克穗条可剪穗 500～600 个，大叶种每千克穗条可剪穗 400～450 个。上下端剪口要剪成斜面、光滑平整，上端剪口要高出腋芽 3～5 毫米。插穗要边剪边插，不宜放置很久。短穗上如有花蕾，扦插时随手将花蕾摘除，以免影响插穗发根。

图 10-1　扦插短穗

为了促使短穗发根可先进行发根处理，主要有以下方法：①使用 1 号生根粉（ABT1），浓度为 500 毫克/千克时，将插穗基部速蘸 5 秒，浓度为 1 000 毫克/千克时，速蘸 1 秒。②使用萘乙酸，浸渍插穗基部 1～2 厘米，浓度为 300 毫克/千克时，浸渍 3～5 小时，浓度为 100 毫克/千克时，浸渍 12～24 小时。③使用吲哚乙

酸，浓度为50毫克/千克时，浸渍插穗1小时。使用过程中切不可将生根粉、萘乙酸、吲哚乙酸触及插穗上部。

130. 怎样建立扦插苗圃？

（1）苗圃地的选择。地势要平坦，光照要充足，土壤pH在4.5～6.0，靠近水源，方便排灌，交通便利。

（2）建苗床。先将苗圃地全面翻耕30厘米，有犁底层的要保留。前作是豆科或茄科作物的要提前10天翻耕晒垡或用5%灭线灵颗粒剂，稀释后喷施土壤，以预防根结线虫病。按畦面宽1～1.2米（土地利用率在75%～80%）、高20～30厘米、畦距（沟宽）35～40厘米、畦长10～20米（一般不超过20米）做成畦坯，再在表层匀施腐熟饼肥250～267千克/亩，与本田土翻匀耙细，铺上10～12厘米厚粒径不大于6～8毫米的心土。心土最好取自表土层20厘米以下或者较黏结的客土（沙性重的土壤易漏水）。心土铺后稍压实到5～7厘米厚，再按7～10厘米距离划出扦插痕线。苗圃地四周开深20～30厘米、宽30～40厘米的沟，以利排水。

（3）搭遮阳棚。按1.2～1.5米间距搭置遮阳棚。弧形棚架中高40厘米，平棚架高35～40厘米。低棚外层需再搭置高架平棚的，棚高在1.8～2米。遮阳物用遮光率65%～80%的市售黑色遮阳网。有固定钢架大棚的苗圃，仍需在大棚内按上述要求建苗床和遮阳设施。

131. 怎样进行短穗扦插？插后怎样管理？

短穗扦插全年都可进行，除南方大叶种地区外，以七八月的夏插成活率最高，春插因母叶生命力弱，成活率最差。扦插前一天将苗床土浇水湿润。扦插密度行距8～10厘米、穗距2厘米，可插500～600穗/米^2，按土地有效利用率70%计，每亩苗圃实插470米^2，可插23万～28万穗。插时用食指与拇指捏住插穗斜插于划痕线上，以腋芽露出土面、母叶不贴地面为度，插后随即用食指揿实泥土。夏季扦插后三四十天才会产生愈伤组织，3个月左右才长出少量幼根，这之前全靠管理，主要措施：①浇水。旱地苗圃夏季扦插在插后30天左右，每天浇水1～2次，秋插每天浇水1次，以后可隔1～2天浇1次。水田苗圃采用沟灌，扦插初期灌水深度以沟深的2/3为度，切不可大水漫灌，并注意及时排水。以后视土壤水分状况隔2～4天沟灌1次。待发根后，不论旱地或水田，3～5天浇灌1次，做到土壤不干不渍，相对含水率在80%左右。②合理遮阳。扦插初期不可让阳光直射，阴雨天可揭开遮阳网。有条件的最好夜间揭开遮阳网，让雨露滋润，但早晨必须覆盖。③越冬期保温保湿。高海拔和北方茶区，越冬前全面喷1次石灰半量式波尔多液（每100千克水加0.3～0.35千克生石灰和0.6～0.7千克硫酸铜），以预防病害和延长短穗母叶寿命。一次性浇足水，并将棚架薄膜四周边缘埋入土中成密闭状态。有冰冻地区，可在棚架上空20～30厘米处再搭一棚架，覆盖遮阳网或薄膜，也可直接在原薄膜上再加盖一层遮阳网或草苫。如有平顶连体高棚，可在棚架四周围上网纱，背阴面亦可用草苫覆盖。当早春午间棚内温度高于30℃时，需打开薄膜两端通风换气3～4小时，下午3时左右及时封闭。

132. 种植100亩茶园的种苗需要多大面积的养穗母本园和扦插苗圃？

新种或改种1亩条栽茶园，中小叶品种在行株距1.5米×0.33米、每穴种植3株情况下，单行条栽需要苗木4 000株/亩，小行距40厘米的双行双株条栽需苗木6 000株/亩。大叶种茶园一般采用双行单株种植，大行距1.5～1.8米，小行距40厘米，株距35厘米，每亩需苗木2 400～2 800株。不论大叶或中小叶品种，用苗量要留有5%～10%的余地，以备补苗用，如中小叶种单行条栽茶园总共需备苗4 200～4 400株。

中小叶种茶树养穗母本园，亩产穗条800～1 200千克，1亩穗条的苗穗可插2～3亩苗圃，如每亩出圃合格苗18万～20万株，可种植单行条栽茶园90～135亩，双行双株条栽茶园60～90亩。即种植单行条栽茶园100亩需要养穗母本园1亩左右，双行双株条栽茶园需要养穗母本园1.7亩。一般生产茶园采用重修剪留养穗条，亩产穗条500～1 000千克，可插1.3～2.6亩苗圃。

大叶种茶树养穗母本园，亩产穗条800～1 000千克，按每亩扦插25万苗穗计，可扦插1.3～1.8亩苗圃，如每亩出圃率为50%～60%，出圃合格苗12.5万～15万株，可种植条栽茶园50～60亩，也就是说，100亩新茶园需要2亩养穗母本园，3亩左右扦插苗圃。老茶树台刈当年每亩可剪取穗条300～400千克，可插0.5亩苗圃左右。当然，因品种、管理水平的不同，出苗数和可供种植面积，各年、各地还是有差异的。

133. 茶树怎样进行营养钵（袋）扦插？

营养钵（袋）扦插是用聚氯乙烯薄膜等制成圆筒袋装入营养土进行扦插的方法，最适用于乔木型品种和难发根的品种及特异资源。相对于苗圃扦插，管理方便，遇突发灾害可以及时避让，苗木生长健壮，根系发达，移栽根系损伤少，成活率高。缺点是比较烦琐，费时费力，成本较高。如以70%出圃率计算，1亩苗床营养钵可育合格苗12万～13万钵（袋）左右（每钵合格苗1～2株）。

营养钵（袋）扦插方法：①营养钵（袋）制作。营养钵（袋）用塑料薄膜等制作。双株插，钵（袋）直径10厘米，高约20厘米；单株插，钵（袋）直径7～8厘米。钵（袋）底为空漏式或开孔式。用预先配制的营养土装到营养钵体的2/3，边装边捣实，面层放扦插土（通常是表层以下20厘米的心土）至与钵（袋）面齐平，然后将营养钵（袋）码放在床槽上。②建床槽。因营养钵（袋）约有1/2的部分埋入土中，故苗床要做床槽。床槽宽1～1.1

米，深 8～10 厘米，长 10～15 米。一般 1 亩床槽可放置营养钵 16 万～18 万个。营养钵（袋）之间要用土填实，防止歪倒。③配制营养土。可用建床槽时挖出的土。土壤要疏松，颗粒匀齐，无沙砾。用腐熟饼肥或有机肥 500 千克加磷肥 10 千克拌和，再按每立方米土用 6～8 千克肥料拌匀。④装土。把配制好的营养土倒入钵（袋）中。装满后稍作捣实，面层再铺放 4～5 厘米的扦插土（最好是未种过茶的壤土），稍压平实。⑤扦插。直径 10 厘米的每个营养钵（袋）按“一”字形插 2～3 穗，穗距 2 厘米。直径 7～8 厘米的每个营养钵（袋）插 1～2 穗。垂直插入土中至叶柄上面 2～3 毫米处，最后将插穗周围土稍作揿实。

扦插后的管理要求：①保持湿度。营养钵（袋）体积小，易缺水，晴天每日浇水 1～2 次，阴天可隔日 1 次。待 1 个月后腋芽膨大，少数长出幼芽后可隔 2 天左右浇水 1 次。苗床的空气相对湿度保持在 80%左右。②遮阳。扦插后即用遮光率 70%左右的遮阳网覆盖在高 80～100 厘米的弧形小拱棚上，直到新梢长到 5 厘米左右时撤去。③防治病害。苗床湿度大，通风较差，易生叶部病害，扦插后每月喷施 1 次石灰半量式波尔多液（见问题 131）。④适施追肥。营养钵（袋）土壤营养元素易不足，育苗全过程要追肥 5～7 次。以稀薄畜粪液肥最好，后期也可用 10%的氮肥如尿素等浇施。

134 茶树为什么可以压条？有哪几种方法？

压条也是利用“细胞全能性”原理。茶树的茎干都有许多不定芽，将枝条埋入土中就是利用不定芽培育成苗。优点是方法简单易行，不需要育苗基地，成本低；适用于各种类型的茶树，尤其是难以扦插发根的品种和特异资源，且能保持母树的遗传性；幼苗需要的水分、营养全靠母树供应，不需要单独维护，省工省料；最适合缺株断垄茶园就地补缺，栽种成活率高。缺点是繁殖系数低，对母树有一定的损伤。压条有两种方法，一是弧形压条，二是堆土压条。具体操作如下。

弧形压条（包括水平压条）：①母树的选择和处理。选择5龄以上的茶树，于上一年春茶结束后的5—6月进行台刈或局部台刈，其间加强肥培管理和病虫防治，尤要重施有机肥，供新枝健壮生长。②压条。压条通常全年都可进行，以2—4月最好，经过6～7个月的生长，苗可长高到30厘米左右，当年秋冬或翌年早春就可移栽。先在用作压条枝的下方开深5～10厘米、宽30厘米左右的浅沟（沟中不必预施肥），选择长40厘米、茎粗3～5毫米的红棕色健壮嫩枝（未木质化及有"麻花"的老枝不宜选择），将中间部位的叶片摘除，保留腋芽，然后用手指将枝条皮层撕裂，但不可掐断，再将枝条牵拉成弧形或水平形置于沟中，用俗称"竹马"的竹枝或树枝卡住枝条，固定在沟中，上面覆土压实。枝条梢端要露出土面10～15厘米，保留部分叶片，以进行光合作用。其间，皮层破裂处的韧皮部增生，发育成幼苗。移栽时只要在幼苗两侧将枝干剪断，即与母树分离。

堆土压条：又称壅土压条，就是将台刈茶树所有新生枝作为压条枝。母树在头一年春茶后进行台刈，第二年春季将红黄壤心土堆入茶丛中部，堆土高30～40厘米，要使所有枝条都埋入土中（枝条预先不作撕裂处理），土堆成馒头形，稍作压实，顶端露出3～4张叶片。到当年秋冬或翌年早春，扒去土堆，把长有根的枝条剪下供用，未有根的复土继续。堆土压条一次可繁育几十枝苗，繁育系数高于弧形压条，但对母树生长影响大，不可连年使用。

压条后主要管理：弧形压条要经常检查"竹马"有否松动，如松动要及时加固，以防压枝反弹。堆土压条因雨水冲刷易造成水土流失，要及时加土复堆；高温旱季及时浇水，最好采用流动喷灌，以增加茶丛下部湿度，有利于压条长根；及时防治病虫害。

135. 茶树可以嫁接吗？砧木为什么要"抹芽"？

嫁接既是一种繁殖方式，又是茶树换种和无性杂交方法之一。山茶属茶组植物种之间都可以嫁接，如大理茶与普洱茶的嫁接。被嫁接的称为砧木，用于嫁接的称为接穗。用作砧木的茶树一般生长多年，根系发达，吸肥力强，可充分利用深层土壤中的营养物质（比新种茶树多吸收氮和钾各30%、磷80%），养分能集中供应接穗生长，嫁接后一两年就可成园投产。嫁接还可免去熟土栽培的土壤拮抗问题。用作接穗的品种，可以是新品种，如低产茶园改造的品种替换，也可以是具有某种特异性状的品种，如观光茶园需要嫁接的特色茶树等。据测算，种植1亩新茶园需要种苗费、劳力成本等约4 000元，嫁接换种比改植换种少投资40%～50%，且可提前两三年成园，收回投资仅一两年。可见，相对于改植换种，嫁接换种具有成活率高、投资少、成本低、见效快、效益好等优点。

（1）嫁接时间。茶树地上部处在休眠期，接穗有健壮芽时都可进行。当日平均温度23～26℃时，枝干形成层活动较旺盛，此时最有利于嫁接。北方茶区适宜的嫁接时间是6月下旬到9月上旬。嫁接不宜在寒冬、高温、烈日和雨天进行。成龄茶树选择健壮骨干枝作砧木，幼龄茶树用主干作砧木。从供穗茶树上剪取健壮枝条作接穗。

（2）嫁接方法。嫁接工具有枝剪、嫁接刀、白色薄膜等。

嫁接分高位嫁接和低位嫁接。高位嫁接适合乔木、小乔木茶树，将枝干在离地20～30厘米处剪平。低位嫁接适合灌木型茶树，将枝干在离地5～10厘米处剪平。选择树干直径1.0～1.5厘米、生长健壮的骨干枝作砧木。用半木质化枝条剪取长2.5～3.5厘米、带有不超过0.5厘米长腋芽的短茎作接穗，再将接穗的下部削成楔形斜面。

通常用劈接法嫁接，在砧木中部用嫁接刀纵切，切缝长度要与接穗斜楔面相等或略长，再将接穗插入靠一边的韧皮部，使砧木与接穗形成层吻合，用宽约3厘米、厚0.015毫米薄膜自下而上扎紧，接口及接穗芽眼要露出（图10-2）。形成层是生长最旺盛的部位，它位于木质部和韧皮部之间，接穗可从韧皮部和木质部吸收养料和水分，使细胞不断分裂，长成新枝。接后用60%遮光率的

图 10-2　劈接法

遮阳网遮阳，如土壤干旱，砧木根部要浇水。

(3) 嫁接后的管理。一般嫁接后 50 天左右，用刀将薄膜割开，以免薄膜嵌入接穗，影响生长。抹除砧木上的不定芽，尤其是春茶萌发的芽，如不去除，长成的枝条会与接穗混在一起，达不到改种的目的，失去嫁接意义。春季嫁接的在夏季注意遮阳和浇水，入秋后撤去遮阳网，及时清除杂草和防治病虫害。新生长枝达到一定高度后进行定型修剪，培养树冠。嫁接当年每亩施氮磷钾各为 15%的复合肥 30～40 千克。

136. 什么是组织培养？茶树能工厂化育苗吗？

组织培养又称微繁技术，简称组培，其原理同样是“细胞全能性”。将植物的器官、组织或细胞放置在培养基中，在无菌、恒温、恒湿、光照的培养室内诱导外植体分化出生长点，再进一步诱导成苗。组织培养最适合用于常规繁育法无法繁殖的品种、特异资源和山茶属远缘植物，且取材广泛、方便，只要一小部分活体就可繁殖，不需要母本园、繁育基地，不受自然条件影响。

组织培养的过程：①配制培养基（MS 培养基），其成分有大量元素、微量元素、琼脂、蔗糖、生长素和细胞分裂素等。②外植体材料的选择和处理。茶树用于组织培养的外植体有茎尖、腋芽、叶片、茎段、花粉、胚等，以快速繁育种苗为主的宜用腋芽，以育种为目的的宜用成熟胚和未成熟胚。③对选用材料进行清洗消毒，防止污染，这是组培成败的关键。④将外植体接种于事先准备的培养基上，待芽萌发或产生愈伤组织后，将其切下转入新的培养基中，以继代培养长成小苗。⑤将小苗取出放置室内自然光照下

3天，再移至用泥炭与蛭石（2∶1）组成的种植介质中，放于室外，适当遮阳，保持湿度，这个过程称作炼苗。待苗完全长大成株后就可用于大田移栽。

工厂化育苗基于培养室组培技术，最主要的是要建有温度调节、灌溉、光照、换气等装置的自动化温室，其组培过程与培养室大体一致。优点是人为控制条件，增殖速度远快于短穗扦插，繁育的苗无菌无毒。缺点是要有专门的自动化温室和组培设备，一次性投资大，使用成本高，且需要连续使用。就目前而言，还不能替代短穗扦插用于生产上的批量育苗。

137. 茶树种苗质量指标有什么规定？怎样进行种苗质量检验？

茶树种苗（GB 11767—2003）质量指标规定如下（表10-2）。

表10-2 无性系品种扦插苗质量指标

类别	级别	苗龄	苗高（厘米）	茎粗（毫米）	侧根数（根）	品种纯度（%）
大叶品种	Ⅰ	一足龄	≥30	≥4.0	≥3	100
	Ⅱ	一足龄	≥25	≥2.5	≥2	100
中小叶品种	Ⅰ	一足龄	≥30	≥3.0	≥3	100
	Ⅱ	一足龄	≥20	≥2.0	≥2	100

种苗质量检验先按以下比例抽取样本（表10-3）。然后对样本进行以下检测：①苗高。测量自苗根颈部至顶芽基部的长度。②茎粗。用游标卡尺等测量离根颈10厘米处的苗干直径。③侧根数。从插穗基部愈伤组织处分化出的近似水平状生长、直径在1.5毫米以上根的总数。④品种纯度。根据品种主要特征特性，对苗木样株逐个进行观察，并计算百分率。品种纯度＝本品种的苗木株

数/(本品种的苗木株数+异品种的苗木株数)×100%。⑤有无病虫害罹生。主要检查虫瘿、卵块、菌孢子等。最后作出综合评价，重点是苗高和茎粗。

表 10-3　种苗检验抽样量

总株数	样株数
<5 000	40
5 001～10 000	50
10 001～50 000	100
50 001～100 000	200
>100 001	300

138. 种苗调运需要注意什么？什么是假植？

起苗宜在栽种季节。检验和分级要在荫蔽背风处进行。符合质量指标的苗木每50～100株扎成一捆，并挂上品种名标签或注上二维码。需要运往异地的，要用透气保湿的篓筐盛装。长途运输的苗木根部用酸性泥水蘸根，四周用树叶、稻草等包裹，再用尼龙袋等盛装，上部枝梢露出1/2。少量或珍贵苗木可插于花泥中携带。运输途中要用篷布等遮盖，严防风吹日晒造成枝梢干枯，因这样的苗木难以成活。苗木运到后要及时栽种。一时未能种植的苗可进行假植，也就是将苗木临时种于一处，种前同样需要清理土壤、挖种植沟，种后需浇水、遮阳。一般假植时间不超过一年。

139. 种苗出国（境）需要办理什么手续？

凡是提供给国外或境外的种苗必须办理以下手续：①按照农业农村部规定的向国外交换的三类品种情况对提供品种进行审核，凡符合可以对国外交换的和有条件对国外交换的品种才可以出口

（境）。提供品种要报省级种子管理部门审批。②出圃前一个月对苗木进行病虫防治，用甲基硫菌灵等喷洒1次。并由检疫单位出具检疫证明再向海关申报。③苗木根部的泥土必须用清水冲洗干净，不可带有土粒等夹杂物。然后再用脱脂棉、花泥等保湿物将根部包扎盛入尼龙袋中，再装入开有小孔的木箱或纸箱中运输。

参考文献

陈亮，杨亚军，虞富莲，等，2005. 茶树种质资源描述规范和数据标准［M］. 北京：中国农业出版社.

陈宗懋，杨亚军，2011. 中国茶经［M］. 修订版. 上海：上海文化出版社.

梁名志，田易萍，2012. 云南茶树品种志［M］. 昆明：云南科技出版社.

王镇恒，王广智，2000. 中国名茶志［M］. 北京：中国农业出版社.

杨亚军，梁月荣，2014. 中国无性系茶树品种志［M］. 上海：上海科学技术出版社.

虞富莲，2016. 中国古茶树［M］. 昆明：云南科技出版社.

中国茶树品种志编写委员会，2001. 中国茶树品种志［M］. 上海：上海科学技术出版社.